帮你摆脱人类的一大恶习——拖延，
发现一个高效的自己；为你创建一个美好的生活空间，
一个健康的工作氛围，一个不再有悔恨与虚度的人生。

再见拖延症

LIFE
WITHOUT DELAY

**你所浪费的今天，是已死之人再也触摸不到的明天；
你所虚耗的现在，是今后再也回不来的曾经。**

索　彦／著

新 华 出 版 社

图书在版编目（CIP）数据

再见，拖延症 / 索彦著. -- 北京 : 新华出版社, 2016.7
ISBN 978—7—5166—2691—7
Ⅰ. ①再… Ⅱ. ①索… Ⅲ. ①成功心理－通俗读物 Ⅳ. ①B848.4-49
中国版本图书馆CIP数据核字(2016)第163981号

再见，拖延症
作　　者：索　彦

选题策划：许　新　　**责任编辑：**陈光武
封面设计：木　子

出版发行：新华出版社
地　　址：北京市石景山区京原路8号　**邮　　编：**100040
网　　址：http://www.xinhuapub.com
经　　销：新华书店
购书热线：010-63077122
中国新闻书店购书热线：010-63072012

照　　排：宇　天
印　　刷：永清县晔盛亚胶印有限公司
成品尺寸：170mm×240mm
印　　张：15　　**字　　数：**200千字
版　　次：2016年9月第一版　　**印　　次：**2016年9月第一次印刷

书　　号：ISBN 978—7—5166—2691—7
定　　价：36.80元

前言

“面前一大堆文件需要处理，秘书刚进来说有一个会议需要马上去参加，可我还是咬着嘴唇对自己说：“稍等一下，只是一下下……”

“桌子上横七竖八地堆满了亟待汇总的各类文件、表格，老板不久前还打电话来催要销售部上季度的业绩报表……可我还是起身走到办公楼的窗户前，看着下面川流不息的行人，为未能及时完成工作而焦虑。”

“房间已经很脏了，衣柜里一片狼藉，有一份急待发出的电子邮件还没有发出……不时提醒自己该去做这些事了，可我还是不停地在网上浏览着网页。”

“约会的时间眼看就要到了，我还没有准备好，一边安慰自己说：没关系，只要抓紧点，时间还是够用的，然后一阵子手忙脚乱，心里一边懊悔：早做准备多好！”

“本来早应该在候车室等着，结果直到发车前几分钟，自己才匆匆忙忙地赶到火车站，一边马不停蹄，一边整理下需要带的东西带上了没有：天啊，车票和钱包居然落在客厅里了！”

拖延，还是拖延，总是在拖延。我们是如此痛恨拖延，可为什么我们却还总是拖延！有时真恨不得扒下自己这副拖延的躯壳，然后去投一个不拖延的胎。可就在这个念头一闪而过之后，拖延又开始了。

我们害怕一份完美的计划不能按时完成，担心一次美丽的邂逅就这样错过了，唯恐自己的一生就这么毫无意义地耗尽了！结果我们为此而做的，竟然更多的时候只是在拖延！每一天，我们都感到焦虑，因为一件事，也或者因为别的许多事；每一天，我们都在为拖延而焦虑，然后又在焦虑中拖延。

当然，毫无疑问，你不会一天24小时都处在拖延的状态中，你也做了一些事。只是让你感到纠结的是，这些时间本来还可以做更多的事情。其实人生真正的痛苦，并不一定是痛苦本身，更多是因为拖延而产生的持续焦虑，是因为事情完成后的不尽如人意而产生的负疚感，是因为错失人生中许多美好之后而产生的深深悔恨，还有因为时间白白流逝而产生的一种后悔？

我们每个人都仅有这一次的生命，每个人都渴望自己的人生过得自信而充实，活出自己的价值，得到人们的认可。可就是因为拖延——我们如此痛恨的拖延——让一切都成了泡影！想不明白的是，既然我们是如此痛恨拖延，可为什么还总是在拖延？是什么导致了我们行为上的拖延？我们在拖延中到底又损耗了谁？怎样才能让自己不再拖延？

这就是我写这本书的初衷，也是这本书的价值所在——让人们认清拖延这一人类的恶习，然后将它克服掉。另外，由于我的认识水平和个人能力的局限，书中的一些认识和看法或许存在偏颇之处，至盼各界先进能不吝赐教，多提宝贵意见，在此我深表感激。

目录

第一章　拖延并非小事

拖延并不是什么无关痛痒的小问题。在我们的日常工作和生活中，偶尔的一次或几次拖延或许无可厚非，但若拖延成为一种常态，对生命的耗损就不可估量了。

第二章　拖延的账单

世界上任何事情的发生，导致的结果必然都会有最终的承受者，而且很可能就是促使事情发生的那个人。这就如同马戏团小丑手里抛出的回旋标，最后还是要飞回到他的手里。

第三章 拖延的代价

我们在一日复一日中拖延着，却并不觉得这有多么不应该。我们似乎已经习惯了拖延，也总觉得这没什么大不了。我们从未仔细地掂量一下，就是在这没什么大不了的拖延中，我们失去了什么，而这是今后我们再也挽回不了的。

第四章　拖延的原因

我们要相信：成功完全是自己的事情。没有人能促使一个人成功，也没有一个人能阻挠一个人达成自己的目标。只有我们把想要办成的事付诸行动，才能走向成功。

第五章 活在当下

生命是一件很偶然的事，所以佛家劝诫人要“活在当下”。既不沉溺过去，也不一味空想未来，而是把握现有的时间做自己该做的事。因为只有当下，也只有此时此刻，才是最真实，也最重要的。

第六章　拒绝拖延

“把握住现在的瞬间，从现在开始做起。只有勇敢的人身上才会附有天才、能力和魅力。因此，只要做下去就好，在做的过程当中，你的心态就会越来越成熟。能够有开始的话，那么，不久之后你着手的工作就可以顺利完成了。”如果你没有从现在开始很好地选择行动，那么你的生活就会暗然无光。

第七章 保持高效率

效率是职场竞争中的关键一环。在工作中谁掌握了效率，谁就提前得到了快速提升的法宝。有些人一直在忙碌，但就是不见成效。那么他就有必要反思自己的工作方式，重新为自己找一条合适的途径，以实现事半功倍的工作效果。

第一章 拖延并非小事

拖延并不是什么无关痛痒的小问题，在我们的日常工作和生活中，偶尔的一次或几次拖延或许无可厚非，但若拖延成为一种常态，对生命的耗损就不可估量了。

不要做一只鸵鸟

我们经常把做事喜欢拖延的人比作鸵鸟。关于这一比喻，鸵鸟一点儿都不觉得冤。鸵鸟是非洲土生土长的“原住民”，身高可达3米，体重可达160公斤，俨然就是鸟类世界的巨无霸。它双腿有力，奔跑如飞，眼神儿还挺好使，听觉也灵敏，能观察敌情于万米之外。

然而，让人扼腕的是，那么好的体型、那么快的奔跑速度，当发现万米之外的敌情后，它不是拉开架势准备战斗，也不是脚底抹油溜之大吉，而是把脖子伸长，紧贴地面而卧，然后还把头深深地埋进沙土里，再伪装成灌木丛或岩石状。

或许鸵鸟认为只要自己把头埋进沙土里，就可以躲过危险或猎人的追捕。然而结果却是，这下子猎人可省事了，只需站在那儿打“死靶子”就可以了，一枪打不中还可以打第二枪，打第三枪也行！

人类是万物之灵，是这个世界的主宰，当然有资格笑话鸵鸟的愚蠢：怎么可以认为把头埋进沙土里就会没有危险，倒是把大把的求生机会给拖没了。可是反过来看我们人类自己，有些时候不也像鸵鸟一样，遇事总习惯性地拖延，觉得只要把头伸进“沙土”里，两耳不闻窗外事，就会否极泰来，遇难呈祥，什么问题就都不成为问题，都会迎刃而解。

有一位年轻人医科大毕业后，分酏到一家医院当实习医生，说起自己学的这个专业，其实并不是他想要选的。他不喜欢医生这个职业，他想的是去更广阔的天地施展自己的才能，成为一名成功的商人。当初之所以报这个专业，完全是因为父母的意见。

为了他现在的这份工作，父母四处托关系、送人情，好不容易才把他安排到这家医院。可没当上半个月的医生，他就感觉自己实在无法忍受下去了。病房里四处弥漫着难闻的浓重药水味，整日里听到的都是病人痛苦的呻吟声和病人家属愁苦的叹息，还有亲朋好友间的生离死别。

有一天夜里他值班，手术室那头突然传来撕心裂肺的哭喊，原来是一个小女孩被车撞了，送到医院因抢救无效而死亡。看着小女孩的父母那副伤心欲绝的样子，他下定决心：一定要换一个职业，不做这行了。

可是此后又一想；自己好不容易才拿到医师的资格，而且这份工作也来之不易，医院的福利和待遇也很不错，不少人想进还进不来呢！再说，自己当初学的就是这个专业，如果现在转行去做别的工作，没有一定的人际关系不说，自己也没有相关的知识和能力。于是他动摇了，迟迟不能作出决定。

就这样，过了几年，他认识了一个女人，两个人相处得很不错，他按揭了房子，不久便举行了婚礼，然后还去日本度了蜜月。一年之后，还有了一个可爱的儿子。然而，这一切一点儿也没冲淡他想要转行的念头。他还是觉得自己不适合当医生，他的兴趣和爱好不在这里。

不久前他参加了一个同学会，发现一些当年像自己一样在单位上班的人，现在都辞职下海了，有了自己的事业，而且都干得风生水起。

可当面临抉择的时候，他又犹豫了。现在的这份工作虽不能让他过上更富足的生活，也还是一个不错的职业，付了每月的房贷之后，一家人的生活还是很宽绰的。再看着一天比一天长大的儿子，也需要一个温暖而稳定的家。想想这些，他咬咬牙忍了，决定先再拖几年！

人生是如此的短促，美好的时光一晃而过，转眼他已经四十岁了。医生这个行当对他来说，已经轻车熟路，不用再费什么劲儿了。只是他并未因此而感到轻松，相反，他比以往任何时候都感到焦虑。前几天他在镜子里发现自己长了不少的白头发，突然有了一种“日已迟暮”的感觉。一想到自己有可能就这样老去了，却连自己想做的事还没有做，不是白白来这个世上走一遭吗？

这一次他下定了决心，要去做自己想做的事，绝不能再拖了。可当他把自己的决定说给家人听的时候，却招来了一致的反对，而且还都说得很在理。他想一想也是，自己这几年虽然没作出什么成绩，可在这行也算是个老手了，若换个行业，一切还得从头再来，会是个什么样子，谁也说不清楚。纠结归纠结，最后他还是决定再干几年再说吧！

就这样，一直拖来拖去，他也到了该退休的年龄。看着镜子里自己花白的头发，苍老的面容，回想自己这一生就这么快耗尽了，却没做出任何成绩，只是庸庸碌碌地过着，感觉不到一点儿人生的价值和意义，他懊悔不已。

可是面对这不尽人意的结果，他又能怪谁呢！是该怪命运对他无常的捉弄？还是该怪现实对他太苛刻，没给他足够的时间去做喜欢做的事？其实最应该怪的还是他自己，他就像鸵鸟一样，把自己从一个年轻人拖成了老头，把梦想拖成了泡影！

潜能提示：拖延的三个误区

1. 此时并非最好的时机：做事当然是要讲求时机的，所以我们才会说“做事要讲方法、讲技巧”。怎么讲？其实就是把不适合说的话更适合地说出来，把不适合做的事做得让大家都觉得合适。把话说得合适，事情做到合适，就没有比此时更好的时机了。

2. 时间还很长：时间确实是很长，可我们的人生却很短。“三十五年，弹指一挥间”。你的人生有几个“三十五年”可弹？因此，若不想让自己一无所成，最好不要跟时间去论短长，伤不起的！

3. 拖一拖问题会得到更好的解决：必须澄清一点，问题是不会因为你拖就会得到更好的解决，而只能是越拖越糟，“久患成疾”说的就是这个意思。

拖延总是悄悄地来

迈克今年二十岁，住在美国的一个小村庄。他的叔父是一个商人，在小镇上开了一家商店，就让迈克去他的商店里上班。每天早上，迈克都要搭乘驿车去店里工作，晚上再搭乘驿车回家。他的叔父是个吝啬的人，只付给他很低的薪水，每天却有忙不完的工作。他时常诅咒、抱怨这样的生活。

那是夏季里的一天，他没等来驿车，只好不情愿地迈着双腿往小镇里赶。从早上走到将近中午，他又累又热，心想：还是找个阴凉的地方坐下来歇歇，如果能等来驿车更好！不一会儿，他在路边找到了一处地方，这里泉水涌流，树丛成荫。他跪下去，捧起沁人心脾的清泉贪婪地喝着，然后躺在柔软的土地上，头枕着他的小包裹。没多久，他就睡着了。

路上行人匆匆走过，步行的、骑马的，或者乘坐各式各样的车辆的都有。有人注意到了睡在路旁的迈克，也只是匆匆一瞥，就那样目不斜视地走过去了。一位中年寡妇走过来，停下来仔细瞧了瞧熟睡的迈克，自言自语地说：这小伙子睡觉的模样真逗人。一位极力反对酗酒的牧师看到他睡在路旁，认为一定是喝多了酒，决定下星期在教堂里布道时，将这位年轻人作为酗酒的反面例子。

过了没多久，一辆华丽的四轮马车从大路上驶过来，在他睡觉的附近停下。一匹马的脚伤了，车夫想让马歇会儿再走。从马车上走下来一对穿着考究的年老夫妇，打算利用这个时间在树荫下休息。他们看到了在泉水旁熟睡的迈克，就轻轻地走着，尽量不弄出声响，生怕会把他吵醒。

“睡得可真香，呼吸多平静、多轻松！”丈夫说，“如果能像他一样睡的话，不用吃安眠药，真是太有福气了。想一想，我有像这样的睡眠，还是多久之前的事了。”

“他还年轻，”妻子安慰丈夫说，“像你我这些上了年岁的人，当然再不会像他这样睡得香甜。”

老夫妇俩安静地对注视着这位安静地睡着了的年轻人，越来越感兴趣。

“他的相貌有点像我，”妻子对丈夫说，“跟我们的儿子更是像极了，我们叫醒他好吗？”

“为什么呢？”丈夫说，“我们并不清楚他是一个什么样的人。”

“这孩子有着善良的脸。”妻子平静地说着，“睡觉的样子如此天真无邪！”

老夫妇俩的谈话并没有惊醒迈克，他仍旧那样一动不动地熟睡着。他面部所有的表情，表明了他完全不知道身旁有这样一对老夫妇正以极大的兴致在观察着他。就是在此时此刻，幸运之神正站在他身旁，只要他不是睡得这样沉，他的命运或许就会因此而不同。

这对老夫妇很富有，可他们的儿子最近死去了。老来丧子的两人伤心悲痛之余，正准备找一个合适的人来继承他们的全部钱财。看着熟睡的迈克，两人犹豫着是否要叫醒他，认他做他们的儿子，然后让他成为他们财富的继承人。

“我们还是叫醒他吧？”妻子再次询问丈夫。

就在这时，车夫叫道：“马歇过来了，我们可以走啦。”

老夫妇两停止了谈话，有点吃惊地对望了一下，然后起身走向马车。一坐进马车，认迈克做儿子的全部想法对他们来说立即变得十分可笑，他们为自己的脑瓜子里竟会产生出这种奇怪的念头而感到惊异。而此时的迈克，还在他甜甜的睡梦当中。

又过了一会儿，大约十分钟，一位年轻的姑娘从路那边走过来。她步履轻盈，体态婀娜，美极了。她也来到泉水旁，停下喝水，抬头无意间发现了睡在那里的迈克。起初，她感觉自己就像未经允许闯入了一位绅士的卧室一样，有点慌乱。正当她准备离开时，就像来时那样不声不响，忽然看到一只特大的蜜蜂在迈克的头顶嗡嗡叫着盘旋。出于好意，她用手帕赶走了那只蜜蜂。就是这个善良的举动，姑娘对迈克屏息凝视了一会儿。

“挺帅气的一个小伙！”姑娘暗自心想。

迈克的脸上既没有露出笑容，也没有谢意的浮现。虽然这位姑娘，或许正是他梦中的姑娘，他只要看一眼，就会深深地爱上她，或许还会和她一起享受一生的幸福。然而这一切都没有发生，他仍旧熟睡着，哪怕连交谈几句话都没有。

“睡着的样子可真可爱！”姑娘自言自语地说，然后起身离开了，看上去似乎若有所思。

这位姑娘的父亲是一位远近闻名的富商，最近正寻找一个像迈克这样的小伙子来帮他打理一家商店。只要迈克刚才不是睡得那么沉，醒了过来，结识了这位漂亮的姑娘，他也许会成为她父亲众多商店里的一名经理，甚至还可能与姑娘成亲——就这样，好运气又一次曾与迈克近在咫尺。

迈克睡了将近两个钟头，才见他动了动身子，慢悠悠地醒了过来。清醒之后，他马上意识到时间太晚了，赶忙起身赶路。就在这时，路上传来了马车轮子的巨大声音，驿车来了。迈克急忙跑过去，问车夫："你好，车上还有位子吗？"

"算你运气好，车顶上还有一个位子！"车夫答道。

迈克爬到车顶，坐到位置上，车夫重新催动了马车。马车在大路上快速行驶着，迈克想象着吝啬的叔父大发雷霆的样子，心里不免又抱怨起来，而对他刚睡过的地方，连回头瞧一眼都没有——他不知道，就是在那里，幸运之神对他微笑过；也就是在那里，他差点就拥有巨大的财富和不平凡的爱情。

潜能提示：无意识拖延的危害

很多的拖延，我们并没有意识到。也就是说，我们并没有意识到那是在拖延，我们就像睡着了一样。可也正是这种拖延，悄无声息地给我们的生命造成了难以挽回的损失。

人往往因为一件事情微乎其微，而忽略其存在。这就是我们会有无意识拖延的原因。因为我们觉得拖延只是一个太微小的毛病。可就是这个小到可以无视的小毛病，悄无声息地扼杀了我们生命中的美好和憧憬，让我们越来越深地陷入生活琐事的困扰，却失去了挣脱出来的能力。

无意识的拖延，会让人像熟睡了一样，不知道周围现实世界发生了什么事情。这个世界有人知道做错了，还是要错下去——可恨；有人明明错了，却固执地认为是对的——可怜；有人错了，却并未意识到是在做错事——可悲！

陷入无意识拖延中的人，无疑是属于可悲之列的。这样的可悲不仅仅是行为上的，更是思想上的。因为他自己并没认识到这是一种错的行为，所以终其一生他都会这样错下去！

万事不可拖延

记得五年前，第一次被一个小男孩喊“叔叔”的时候，心里无缘由地感到很失落。回到家后，竟然像一个女人似的对着镜子瞅。自己确实是不再年轻了，眼角深浅不一的皱纹，已显露出将要光秃的头顶。

事后我瘫坐在沙发上想了很久：自己并不是怕老，毕竟这是人生必然的历程，只是“春来秋去老将至”，却仍旧是一事无成，这让我不寒而栗。其实自己也不是没有目标，只是大多时候更像是一个“思想上的巨人，行动上的矮子”，太多的时间白白浪费了，太多的事情拖而不决，直至再也无从入手。

《老子》说“胜人者力，自胜者强。”一个人只有战胜自己，才称得上是一个真正的强者。可是要真正做到“自胜”这一点，显然有太多人不及格。人性是有弱点的，拖延就是其中之一。尽管每一个人都是如此地爱惜自己的生命，可仍旧难以克制拖延这一人性的弱点。或许他们并不觉得拖延是什么大不了的毛病，或许他们也经常因拖延而焦虑不安。

很多年前，有个流浪艺人，刚四十岁，就已经骨瘦如柴，形容枯槁。去医院检查，医生诊断出他得了肝癌，还是晚期。他有过一次婚姻，没几年妻子就离他而去，只留下一个儿子。临终前，他把年仅16岁的儿子找来，叮嘱他说：“我走了以后，你要好好活着，万事不要拖延，不要像我一样，到老都没什么成就。我年轻时生活散漫，日夜颠倒，烟酒都沾，正值壮年就得了绝症。你要谨记在心，不要再走我的老路。”

说完，他咽下最后一口气，而他16岁的儿子，只是懵懵懂懂地站立一旁。

转眼间，他儿子已经长大成人，像流浪艺人担心的那样，他生活散漫、拖延成性，还经常在酒家、赌场闹事。有一次与客人发生冲突，因出手过重而闹出人命，被捕坐牢。出狱后，人事全非，发觉不能再走老路。但是，自己无一技之长，无法找个正当的工作，只好下定决心，回到乡下，靠做一些杂工维生。

由于他年轻时无法体会父亲临死时为什么那样跟他说，以致终身一无所长，年近半百才成婚。现在年事渐长，逐渐能体会到父亲那些话的意思了，可似乎为时已晚。他的体力一天不如一天、一年不如一年，面对着难以为继的家，想想自己之前白白浪费掉的时光，心里有着无限的忏悔与悲伤。

一天夜晚，他喝点酒，带着酒意回到家之后，把16岁的儿子叫到了跟前。他先是一愣，眼前仿佛有一面镜子，而镜子里不就是当年16岁的自己吗？此时，父亲临终前嘱咐的景象在脑海中浮现，他开始有些自责地喃喃自语：“当年，我怎么就没听父亲的话呢！”

说着，眼泪顺着脸颊流了下来。儿子站在面前，懂事地安慰他说：“爸爸，您喝醉了，早点休息吧！”

“我没有醉，我要把你爷爷叮嘱我的话告诉你，你要牢牢记住。”

“爸爸！什么话这么重要呀？”

“当年你爷爷临终时叮嘱我说：‘万事不可拖延’。我当时没听进去，也没听懂，结果费尽一生才体会出这句话的道理，可惜为时已晚。”

“这是一个很简单的道理，人人都懂得啊！”

“是很简单，但却并不是每个人都能够做到。一定要趁着年轻时就学好，不然老了就像我一事无成。你一定要深深记住这句话，认真对待每一件事，不要让光阴虚度。”

“莫等闲，白了少年头，空悲切。”万事不可拖延，这个道理很多人都懂得，却很少有人能做到。人生的遗憾和悔恨，大概也就是这样造成的。我们总觉得时间还很充裕，拖一拖没关系。其实，我们更应该多看看镜子里的自己，那岁月的流逝，那没能实现的梦想，还有那不时涌来的空虚和无助，而只是因为拖延！

潜能提示：你有多少时间

假如人能活70岁，而每天睡觉8小时，那么70年就会睡掉20440小时，合8517天，23年零4个月。这样，人还剩下46年零8个月的时间。

如果每天吃早饭用20分钟，吃午饭用40分钟，吃晚饭用1小时，那么一天吃饭吃掉了2个小时，70年要吃掉51100小时，合2129天，5年零10个月。这样，人还剩下40年零10个月的时间。

如果每天搞个人卫生的时间为2小时，那么又会用掉5年零10个月的时间。这样，人还剩下35年的时间。

如果每天用在走路、买东西上的时间为4小时，那么70年就会用掉102200小时，合4258天，10年零8个月。这样，人还剩下23年零4个月的时间。

如果每天用来和别人闲聊的时间为3小时，那么70年又聊掉76650小时，合3194天，8年零9个月。这样，人还剩下14年零7个月的时间。

如果每年用在看病吃药、特别护理等事项上的时间为12天。那么70年要用掉840天，合2年零3个月。这样，人还剩下12年零4个月的时间。

而一般的人每年都会有与别人发生口角、争端的事情，还有因不顺心而烦恼，以致不能做正事的时间。如果平均每年用在这种事情上的时间为10天，那么70年就要用掉700天，合1年零10个月。这样，人还剩下10年零6个月的时间。

如此算来，一个人活到70岁，大概只有10年半的时间可以用来做事。“人生如白驹过隙”，真的是一晃眼就过去了。

跟上脚步

2012年1月19日，有着131年经营历史的柯达公司，提交了破产保护申请，走入了日落西山的境地。曾几何时，那句“分享此刻 分享生活”的广告语，勾起了多少人美好的想象！那一张张薄薄的照片，承载着多少甜蜜的回忆！

还是在1879 年，一个出生于美国农村的小伙子发明了一种乳胶涂布机，后来他与人合伙开了一家公司——伊士曼柯达 (Eastman Kodak) 公司，并得到商人斯通的赞助，由此开始了摄影的胶卷时代。他就是乔治·伊士曼，柯达公司的创始人。

在乔治·伊士曼心中，一直有一个“照相大众化”的梦想。因此他并没有松懈，而是全身心地投入到了“面向家庭的、便携式的家用照相机”的研发。那时，人们照一次相是很不容易的，照相器材得用马车来拉。1886年之后就不用这么费事了，有了乔治·伊士曼研制出的新式照相机，口袋里揣着就能出去照相了。

随着小型口袋式照相机的生产并推向市场，柯达公司很快享有了极高的声誉。一时间，杂志、报纸、商店陈列柜和广告牌上都布满了柯达标语。公司也从一家小型公司一跃成为在世界展露头角的跨国公司，在全美各地及其他各国都成立了办事处或子公司，其产品在“世博会”上也占有一席之地。“柯达女郎”身着时尚服装，手持年年更换的相机，对着各方摄影师露出迷人的微笑，成了历届会上一道亮丽的风景。

历经70多年的发展，1962年，柯达已经成为在美国销售额突破10亿美元，在全球拥有7万多名员工的大型跨国公司。而到了1973年，全球雇佣员工人数更是超过了12万人。

上世纪八、九十年代，柯达公司的发展迎来了黄金时代。1981年，公司销售额超过 100 亿美元。之后，随着各类产品的研发，柯达更加巩固了其在该行业的龙头老大地位。成为全世界最大的影像产品及相关服务的生产和供应商，业务遍布150多个国家和地区，直至市场价值达3850亿美元。

进入21世纪之后，人类逐渐进入了数字化时代，影像业也开始随之向数码相机转型，这给传统的胶卷带来了前所未有的冲击。其实，柯达对此也并非没有预见。早在1986年，柯达公司发明了第一台兆像素数码相机。遗憾的是，为了防止其对胶片生意造成冲击，柯达公司将这一技术雪藏了起来。因为那时，数码相机尚未普及，柯达是全球家喻户晓的“黄色巨人”，一度占据了全球市场的2/3份额。

21世纪初的几年，柯达公司，其实一直就是在做“传统模拟相机的胶卷生意，以及如何防止胶卷销量的下降”。虽然其也在2004年研制出了数码单反相机，但仍旧将重点放在胶片生意上。

可以说，柯达公司一直处于“一直在转型而又一直未转型”的尴尬之中。从而造成尽管有好的数码相机产品，却一直不能将其转化成可持续的商业模式，将其真正市场化。因为害怕就此失去胶片生意，就在患得患失中，错过了最佳战略机遇。市场没有给柯达太多的犹豫时间，短短几年之间，昔日的老大就变成了追随者，并愈加举步维艰，直至最后不得不提出破产申请。

这家靠一盒盒胶片起家的公司，全球营业额一度曾高达128亿美元。1930年，柯达占世界摄影器材市场75%的份额，利润占这一市场的90%；1966年，柯达公司的海外销售额达到21.5亿美元，在《财富》杂志中排名第34位，纯利润居第10位；1975年，柯达垄断了美国90%的胶卷市场以及85%的相机市场份额。

然而时光流逝，时至今日不但风光不再，还因为难以为继宣布破产，股票或许也将在纽约证券交易所黯然退市。而造成这一结果的原因，很大程度上就是因为决策上的犹豫、拖延，造成对市场变化的反应迟钝。一百多年积攒下来的声誉和号召力，也因为这一时的拖延付之东流了！

潜能提示：不要犹豫

人总有因患得患失而举棋不定的时候。所谓“环肥燕瘦，各自千秋”，到底该选哪一个？的确是一个伤脑筋的问题，也确实需要好好考虑考虑。可是别忘了，就在我们犹豫的时候，时间仍旧在分秒流失，它会让我们拖延多久呢？就在这拖延的时间里，我们又会有怎样的损失呢？

事实上，没有谁可以一直举棋不定，还仍可以稳坐钓鱼台。时间会让一切都很快尘埃落定。只是那时，结果很可能并非是你想要的。

人生经不起拖延，时机经不起拖延。因为一时的“拖”，则代表着延误!

不要把问题丢给别人

1899年，在美国底特律，一个名叫塞巴斯蒂安·克雷斯吉的人开办了一家名为“克雷斯吉五——10美分店”。新店开张伊始，就广受欢迎。1959年，随着美国郊区居住热的持续升温，时任该公司总裁的昆宁·海姆经过冷静的分析，毅然决然地大举进入低价销售行业。

就这样，三年之后，第一家名为“凯玛特”的大型折扣店开业。该店占地面积60000平方米，以“廉价、薄利”多销为原则，出售全国知名品牌或自有品牌的日用百货，并实行“不满意可以退货”的服务。此举更是受到了广大消费者的热烈欢迎，“凯玛特”的名气也与日俱增，各地的分店争相开业。其他企业见状纷纷效仿，于是大型折扣店逐渐超越传统的百货店，成为美国零售业的主流业态。

进入20世纪70年代之后，“凯玛特”成为美国零售业高质低价的代名词，不仅创造了自己的辉煌，也改写了一代美国零售业的历史。同时，“凯玛特”也先后成为报纸广告、电视促销等营销方式的先驱。仅仅在此后的10余年时间里，销售额就达到了46亿美元。而现今世界零售第一巨头的沃尔玛，当时的销售额仅为1.67亿美元。

让人始料未及的是，从辉煌到衰败，“凯玛特”也只用了短短的10年。当进入20世纪90年代之后，如日中天的“凯玛特”就开始走下坡路。1994年上半年，销售额虽然达到了160亿美元，却首次出现了8200万美元的亏损。

同年7月，为了维持日常的开销，不得不以9.28亿美元卖掉了澳大利亚的科里斯麦尔的21.5%股本，两个月之后，又相继关掉了110家连锁商店。之后，又以9亿美元卖掉了两家专业零售店办公大楼和运动之家的大多数股份。也就是在这一年，为了节约开支，先后裁掉了近7000人。

到了本世纪初，拥有400亿美元资产、全球2114家分店、25.2万雇员的超级连锁零售商——“凯玛特，”陷入了前所未有的困境。到了2001年10月底，资产已经缩水到170亿美元的“凯玛特”，负债却高达113亿美元。于是，2002年1月22日，曾经辉煌的“凯玛特”向芝加哥联邦破产法院申请破产保护，从而成为美国历史上寻求破产保护的最大零售商。

“凯玛特”的倒下，原因或许有很多。例如开太多的分店、一味把降价作为促销手段、公司人员众多等。但最能说明问题的，或许是一个被人们争相议论的有关“凯玛特”的故事：一次会议结束时，一位员工在总结时发现还有一个问题没有解决，于是就向正坐在身旁的上司请示如何解决。恰好，他的上司也不知道怎么解决这个问题，又顺水推舟地把问题推给了自己的上司。结果，这个亟待解决的问题就这样一级又一级向上请示，最后摆在了公司总经理帕金的面前。对此，无奈的帕金说：“真是可笑，就没有人想着去解决问题，而宁愿将问题一直推到最高领导那里！”

潜能提示：问题都是拖出来的

中国人用词很有意思，我们往往把拖延说成是推脱。总觉得把问题推给别人，或往后拖一拖，就能得到很好地解决。也就是说，我们不是很喜欢遇到什么问题解决什么问题，而是愿意将其交给合适的人、合适的时间。

事实上是不是这样呢？一半一半，问题或许能得到更合理地解决，或许一直拖到小问题成了大问题，直至无法解决。但可以肯定的是，很多人的人生就这样拖成了黄花菜。

我们每个人都懂得“集腋成裘，聚沙成塔”的道理，却很少有人愿意这样去做。我们也清楚“千里之堤，毁于蚁穴”的原因，可看到之后还总觉得不过是一个小小的“蚁穴”，无碍于大局。于是结果似乎也就这样注定了。

任何难以解决的问题都是拖出来的，这也就是积重难返的道理。

拖延的是你的生命

1732年2月12日，有一个男婴出生在弗吉尼亚的一个奴隶主种植园里，他就是乔治·华盛顿——“美国共和之父”。在“北美独立战争”中，就是他领导美国人民打败了英国殖民者，取得了最终的胜利，建立了“民主、自由”的联邦政府，彻底根除了“君主制”。建国后，他没有居功自傲，而是功成身退，辞去了总统的职位，回到了维农山庄园重新去过贫民的生活。时至今日，美国人谈起乔治·华盛顿仍然满是敬意，将他与亚伯拉罕·林肯并列为美国历史上最伟大的总统。

乔治·华盛顿最杰出的就是军事指挥能力。在他就任大陆军总司令之后，把一支组织松散、训练不足、装备落后、给养匮乏的地方民军，变成了一支能与英军正面抗衡的正规军，并取得了特伦顿、普林斯顿和约克德等战役的胜利，其中尤以特伦顿战役最为关键。

这次战役发生在1776年12月。在此之前，3.5万多的英军在指挥官罗尔的带领下，一直把华盛顿指挥的美军追赶到了特拉机河南岸。此时的美军可谓是内外交困，河对岸的特伦顿城附近集结着占据优势的英军，外面天寒地冻，更糟糕的是，士兵大部分都没有过冬的衣服，而且粮食还不够吃。再加上刚吃了败仗，士气低落，几乎每天都有人开小差。与此相比，英军却过得很惬意，躲在屋子里烤着火炉、喝着酒，准备欢度圣诞节。指挥官罗尔也踌躇满志，早已作好了一切准备，只待河水一解冻，就带领部队渡河彻底消灭美军，就像捏死只蚂蚁似的。

正当美军处于绝境时，情报员给华盛顿送来了有关英军的兵力部署和正准备过圣诞的情报。据此，华盛顿当机立断，发动奇袭，一举扭转美军的不利局面。而此时的特伦顿城里，一片喜庆，除了站岗放哨的少数士兵，大多数士兵都在军营或酒吧里喝得烂醉如泥。指挥官罗尔正在和他的亲信打牌，期间有一个士兵给罗尔送来一张纸条，是侦察员送来的有关美军的最新动向。玩得正起劲儿的罗尔把纸条接过来，看都没看一眼，直接装进了口袋，心想玩完牌再看。然而令罗尔没想到的是，就是他这一拖延，换来的却是他再也无法收拾的局面。美军在华盛顿的带领下，很快就渡过了特拉华河，然后向英军的前哨据点发起了攻击。

正和亲信玩牌的罗尔听到从远处传来的枪炮声，马上意识到情况不妙，慌里慌张地骑了一匹马，立刻命人擂起战鼓召集军队，轻骑兵也吹起报警的军号。一时间，整座特伦顿城喧声震天。有些不明情况的英军从营房的窗口胡乱向外射击，还有些英军在大街上涌来涌去，乱作一团，半天也没列成队形。骑兵则是仓促上马，东奔西突，使局面变得更加混乱。

前哨据点此时早已被攻破，美军已经兵临城下。六门大炮已经卸掉前车，并且很快投入了战斗，华盛顿也下马和炮手一起作战。面对如潮水般涌来的美军，英军指挥官罗尔虽然是一个很有勇气和军人荣誉感的军人，却在急切之下召集不齐部队，组织不起有效的堵截，只好带着身边百十来人像个无头的苍蝇似的，左冲右突，希望能够力挽狂澜。

俗话说“兵败如山倒”，罗尔也只能是做最后一次的困兽尤斗。美军的战鼓和枪炮声在英军的四周震天响，中弹受惊的战马把骑兵抛落在地，旋即就被别的战马踩死了。步兵更惨，只恨爹娘少生了一条腿，没命似的四处狂奔。

战争的进程很快就明朗化了。尽管罗尔不顾枪林弹雨，高举着指挥刀冲锋在前，但也再难挽回败局，结果被一发子弹击中栽下了马。失去了首领的英军，更加溃不成军，见突围无望，很快就打出白旗投降了。在打扫战场的时候，人们从罗尔的口袋里取出一张纸条，上面写着：“华盛顿军队已经渡过特拉华河，正向我处移动。”——正是玩牌时士兵递给他的那张纸条！

潜能提示：对的时间做对的事

《论语》里有句话说：“时也，势也；命也，运也”，曾经有一段时间人们都不这样讲了。其实这句话说的就是，事情的完成是与当时的时势分不开的。大凡人在年轻的时候，总觉得只要自己足够努力，没有事情是做不成的。慢慢年纪大了，经历的多了，才会明白个人的努力固然是必不可少的，但也不能不考虑当下的形势和环境。

改革开放之前，我国为什么就没有民营企业，也没有民营企业家？因为那时的形势不允许，会被打成“走资派”，是要拉到大街上游斗的。所以，我们做事要讲求时机。什么是讲求时机呢？依我看来，就是在对的时间里做对的事，不要在其他无关紧要的事情上耽搁。

当官，就做当官该做的事；经商，就考虑生意上的事。当官如果整天想的是如何做生意，经商眼睛整天瞅的都是官场，这就糟糕了。很可能官商勾结造成腐败，最后锒铛入狱，官也丢了，生意也没的做了。工作的时间就应该工作，闲暇的时候就去娱乐。如果工作的时间里还想着去娱乐，结果只能是工作没做好，也没有闲下来的时间了。

所以，做人最要紧的智慧就是在对的时间里做对的事，在合适的时候有合适的举动，要控制好这样的一个度，掌握好时机。不然，只能是一团糟。

人生经得起几次“滑铁卢”

兵败被放逐到厄尔巴岛的拿破仑并不甘心失败，再加上法国民众不堪忍受波旁王朝的残酷统治，愈加怀念拿破仑时代。于是在1815年2月的一个夜晚，拿破仑率领少数士兵，乘着夜色的掩护，巧妙地躲过了监视他的军舰，回到了法国南岸儒昂湾。

一登上法国的土地，拿破仑就发表了热情洋溢的演讲，士兵们大受鼓舞，热血沸腾，开始向巴黎进军。所到之处，所向披靡，人们欢呼雀跃地把拿破仑迎接进城。前来阻击的队伍，因很多是拿破仑的旧部，纷纷归附，加入到了拿破仑的队伍。就这样，几乎没费一枪一弹，只用了十几天的时间，拿破仑就率军进入了巴黎，并在万千民众的欢呼声中重新登上了王位。此时他的部队已有1.5万人。

正在维也纳忙着大吵大闹，因分账不均还差点大打出手的反法联盟各国首脑，闻听拿破仑在法国复辟，一下子慌了手脚，再也顾不上争吵了，迅速集结兵力，联合英、俄、普、奥、荷、比等国约70万重兵集结在边境，准备分头向法国展开进攻。拿破仑也没闲着，一进入巴黎就开始抓紧备战，很快有将近20万人归于他的指挥之下。

面对反法联军强大的军事阵容，拿破仑经过认真的分析，决定化被动为主动，采取以攻为守的战术，集中主要兵力首先向位于比利时的英普军队发起进攻，打败威灵顿和布吕歇耳这两个老将。于是，拿破仑带领着12.5万法军悄悄移动到比利时边境。紧接着，他马上带领先头部队越过比利时边境，向布吕歇尔率领的普鲁士军队发起了猛击，并将其击败，使普军向比利时首都布鲁塞尔撤退。转过头来，拿破仑又刻不容缓地向威灵顿带领的英军猛扑而去。与此同时，因害怕被击败的普军赶来与英军会合，他让副手格鲁希元帅独自带领骑兵预备队去继续追击溃逃的普军，并让他保持与主力部队的联系。

闻听普军被拿破仑击败，头脑冷静的威灵顿命令英军在一个叫滑铁卢的高地上筑好工事，严阵以待。于是，随着拿破仑带领法军主力的到来，滑铁卢之战开始了。拿破仑仍旧骑着自己的白色坐骑，亲自在前线检阅了部队，随之向英军展开了猛烈的进攻，决定拿破仑命运的时刻开始了。

从上午一直打到下午，英法两军在高地上展开了拉锯战，法军几度攻占了英军据守的村庄和阵地，又几度陷落。除了在泥泞的山坡上覆盖了一万多具尸体，双方并没有取得任何的进展，都已疲惫不堪。双方统帅也都处于焦虑之中，仗打到这个份儿上，拿破仑与威灵顿各自的心里都很清楚，谁能先得到增援，谁就能击败对方，取得胜利。威灵顿等待着布吕歇尔；拿破仑盼望着格鲁希。

拿破仑的副手格鲁希元帅正遵照之前预定的命令，沿着既定的方向追击普军。突然，他脚底下的大地开始微微震动起来，远方传来沉闷的炮声。手下的将领纷纷建议他向开炮的方向前进，而他却迟疑了，拖延了，原因是没接到拿破仑的命令。于是部队继续向前行进。

此时的拿破仑，一面组织兵力向威灵顿的高地发起一次比一次猛烈的进攻，一面写信让格鲁希不惜一切代价向自己靠拢。战斗进行得一次比一次残酷，投入的兵力一次比一次多，原本箍桶似的英军防线出现了松散。就在这时，在拿破仑急切盼望中，东北方向有一股黑色人流迎面奔来，并不是格鲁希的援军，而是分批赶到的普军。于是，战役的胜负就这样决定了。在英普联军的夹击下，法军溃不成军，原本一支赫赫有名的部队，一下子变成了任人驱赶的抱头鼠窜、惊慌失措的人流。因为此战，拿破仑被迫第二次退位，然后被囚禁在圣赫勒拿岛上，直到1821年郁郁而终。

拿破仑为什么会在滑铁卢打败仗？其他原因或许也存在，但最主要的却是因为拖延。拿破仑就在看似不起眼的拖延中，决定了他自己的命运，也决定了整个世界的命运。机会总是稍纵即逝，哪怕就是拖延几分钟，乃至几秒钟，事情完全就可能是另外一个结果。平时，经常听一些人埋怨自己抓不住机会，以至于自己碌碌无为，可现实中他们却总是习惯性地拖延，还并不以此为意！试问：若总是一味地拖延，你的人生又经得起几次“滑铁卢”呢？

潜能提示：不要拖到最后一刻

毋庸置疑，尽管一些人也为拖延这个总也改不掉的习惯而懊恼，还总是自觉不自觉地拖延着；还有一些人甚至很满足于把事情拖到最后一分钟再完成，并为此而沾沾自喜。这似乎已经成了生活的常态。

我们总觉得时间还很长，拖一拖再去解决也未尝不可。可很多时候事实却告诉我们：只因为这一时的拖延，很可能就再没有机会去做任何事情了！什么叫“坐失良机”？就是不主动及时采取行动，而是一味地拖延，结果使大好的机会付之东流。

人生为什么会有悔恨、会有遗憾、会有不甘心？并不一定是因为做错了很多事，而更多是因为很多事没有去做。本来我们有时间，也有机会去做的，却只是由于拖延错失了，这才是让我们扼腕不已的原因。

因此，请不要尝试着把事情拖到最后一刻再去解决，也不要以为事情拖到了最后一刻，你还有足够的时间去解决。千钧系于一发，而头发却硬是没被扯断，像这样的事情不是不可能发生，但却是奇迹。我们怎么能够奢望在自己的生活里，每天都会有奇迹发生呢？

你是一个拖延者吗

① 在工作中，我总是把困难的往后拖，而且越临近deadline，越想做其他的事。

A是　B否　C不确定

② 每次开始工作时，我常常会先整理桌子、清理资料或倒杯茶水等。

A是　B否　C不确定

③ 每当静下心来准备开工时，总是先起身去冲了杯咖啡，然后等待一份“好心情”再开始。

A是　B　否　C不确定

④ 无法容忍别人占用或浪费自己的时间，可自己却从不珍惜时间。

A是　B否　C不确定

⑤ 工作中遇到困难或者不愉快时，总希望一些不可抗力或者意外出现，结果就真的出现了。

A是　B否　C不确定

⑥ 有时候事情被拖了很久，或者完成得很差，然后借着一次争吵，把事情随手推给其他人来做。

A是　B否　C不确定

⑦ 正在做着一项工作，可头脑里一有什么欲望和想法，就抛下手

中的工作去干。

A是　B否　C不确定

⑧ 工作中出现了失误，或者完成的效果不如预期，往往会找机会迁怒其他人。

A是　B否　C不确定

⑨ 遇到某件困难的工作，或很繁琐的事情时，第一反应往往是批评或者讽刺。

A是　B否　C不确定

⑩ 总觉得工作本身太过无聊，就用老牛拉破车的速度来处理，虽然自己也不想这样做。

A是　B否　C不确定

分析：

选择A（1~2个），你还不算是一个拖延者，只是有些小偷懒，或者说有拖延的倾向。小小的偷懒也可能演化为你的一种习惯，从而最终让你成为一个拖延者。

选择A（3~6个），可以肯定你是一个拖延者，你总把工作尽可能地往后拖，总会被一些其他因素影响到工作的进度。

选择A（6个以上），你的拖延现象已经很严重了，这严重影响到了你的生活和工作，如果不果断地加以改变，你的前途和人生将是一片黯淡。

全部选择B，拖延与你没有任何关系，你要做的恰好相反：合理地把工作安排得宽松一些，让自己的身心得到适当的缓解。

全部选择C，拖延这一问题暂时不是你首要考虑的，你要考虑的是，自己是不是有健忘症。

第二章

拖延的账单

世界上任何事情的发生，导致的结果必然都会有最终的承受者，而且很可能就是促使事情发生的那个人。这就如同马戏团小丑手里抛出的回旋标，最后还是要飞回到他的手里。

拖延的背后

刘小姐还记得大学刚毕业时，那时的她意气风发，很想在一份工作中大展拳脚，大干一场。后来她参加了公务员考试，被分配到某机关办公室做外宣工作。当时她认为机关是广阔天地，正是自己大有作为的时候。谁知，她每天的工作内容就是打电话和上网。

每天，如果有宣传任务，她要做的就是给媒体打电话通知，然后到活动现场发放材料，或者干脆直接把电子文件发给媒体就可以了。而其他的时间，就只有上上网、看看新闻、聊聊天。

虽然刘小姐工作才两年，可早已没有了大学一毕业时的那份激情，对工作也是能拖就拖，能少干的绝不多干。这样得过且过地混日子，尽管她也时常会心有不甘，可是在机关里，女性晋升的空间本来就很小，而工作又如此单调乏味，又能怎么办呢？

直到有一天，另一个和她一起进机关的女孩因工作成绩突出，被提升为副科长，也调去了新的工作岗位，她才清楚在这两年里自己失去了什么！

小南大学刚毕业，父母就通过各种关系给他在一家企业找了一份工作。这是一份很清闲的文员工作，每天在办公室除了打扫打扫卫生，就是跟原来的同学网上聊天。小南很不适应这份朝九晚五的工作，开始时他还想着父母费了那么大的劲儿给自己找来的工作，要好好干出一番成绩来。可不久就泄气了，他根本无法融入到现在的这份工作中，他更愿意开一家自己的服装店。

到底该何去何从？小南一直犹豫不决。结果四年过去了，他既没有开服装店，也没有真正地用心工作过，还是个很清闲的文员。

小华研究生毕业后，应聘到一家事业单位工作。在刚参加工作之时，他想着自己也算是“十年磨一剑”了，现在正是一试身手，大有作为的时候。可谁知结果却是，他每天做的只是整理档案、打印材料、接听电话等琐碎的日常工作，而且一做就是一年多。这让他很苦恼，想着自己一身的才华就这样一天天被浪费了，难免有种郁郁不得志的感觉。他开始消极怠工，开始混日子。

可每当想到这份工作自己有可能干一辈子，他还是心有不甘：自己一个大男人，活一辈子居然一点成就都没干出来……可现在工作难找，能有份稳定的也不容易，他想着还是先混一段日子再说吧！

潜能提示：为拖延买单

这是一个到处充斥着拖延的世界。据一份职场调查显示：约有20%的人认为自己有长期拖延的习惯。他们更多时候将拖延当作了一种生活方式，尽管他们大多时候也觉得不应该，还经常会因为拖延而感到焦虑。

不过他们并不认为拖延是一件多么严重的问题，也并不觉得自己会因拖延而遭受多大的损失。他们经常忘了按时付银行的利息、经常望着散乱的衣橱发呆：工作经常被拖到了最后一刻才猛然警醒，然后挑灯夜战……

他们还是固执地认为这些都只是小毛病，尽管他们常常被搞得焦头烂额，尽管他们一天比一天老去，尽管他们现在做的还是十年前的工作。

其实世界上任何事情的发生，导致的结果必然都会有最终的承受者，而承受者很可能就是促使事情发生的那个人。这就如同马戏团小丑手里抛出的回旋标，最后还是要飞回到他的手里。

拖延的是时间

一次，我去听一位著名企业家的讲座，他的一句话让我记忆深刻。他说："在当前这个竞争激烈的市场环境下，所有的竞争都离不开时间上的竞争，所有的拖延都可以归结为时间上的拖延。"

平时，我也经常能听到一些企业老总对自己的下属说："你这种做法就是在浪费时间，难道你不清楚对于我们企业来讲，时间就是效率，时间就是金钱吗！"

每听到那些老总如此说时，我总会更加关注他的下属脸上的反应。然而很遗憾，我从他们脸上看到更多的是茫然和无动于衷。一次我忍不住问一位老总："你这样对着下属一顿训斥，能收到多大的效果呢？"

那位老总一愣，片刻之后说："可这是事实啊！不然我还能怎么说！"

至此我们就有必要讨论一下人性。人性是利己的，还是利他的呢？当然是利己的！或者更准确地说，应该是利己心理要多于利他心理。所谓"达则兼济天下，穷则独善其身"，就是说一个人只有在发达之后，日子过得很富足而且有余，他才会想到其他人；如果自己日子都过得紧巴巴的，当然就只会考虑他自己了。

既然人性是利己的，如果拖延的只是时间，如果没有按时完成工作只是给公司造成了损失，如果这一切跟他们自身的利益根本就扯不上多大的关系，他们怎么可能不拖延！

员工为什么要到一家企业里面去打工，无非有两个原因：一是为了满足生活所需，二是为了寻求实现自身价值的平台。有人或许会问："我既满足了员工的生活所需，而且还绰绰有余；也为他们实现自身价值提供了足够的平台，可他们为什么工作起来还是拖拖拉拉的？"

人是有惰性的。这就是为什么我们明明在为拖延而感到焦虑，却还在焦虑中拖延着。明明知道这份工作不能再往下拖了，可还是会想再稍等一会儿，只是一小会儿；明明清楚只要不拖延、好好干，就一定能够出人头地，可遇事还是会一拖再拖。惰性在拖延中滋生，而人往往又很难将惰性从自己身上彻底剔除掉，这就是人性的弱点。

有一个无可争议的事实，那就是要做的事情越少，人们反而越觉得没有时间。一拖再拖，总认为时间还充足。他们心里有时会想：只要我想做，其实早就做完了——可就是根本不做。与此相反，有很多事要办的人往往却能抓紧时间，而且总能找到足够的时间来将事情做完。由此可见，事实上我们是在借着拖延时间来任由懒惰在自己的身体里蔓延，却把因懒惰而出现的拖延当成是对时间的拖延。

当我们拖延的时候，总认为时间还很长。我们总以为我们是在拖延时间，却没察觉到时间仍旧在这拖延中悄悄地流逝。时间是决不会被拖延的，就在这一刻，无论你是正在处理一份紧急的文件，还是正在网上浏览一些与工作无关的网页；无论是靠在椅子上闭目养神，抑或什么也不做……时间依旧在一分一秒地流逝，没有丝毫的停顿。

我们无法拖延时间，如果有人说他拖延了时间，那他除非是《恐龙特级克塞号》里面的那个克赛，可以胡乱地比划几下就可以让时间停止。“明日复明日，明日何其多”。时间就是这样，一小时过去了，又是一小时；一天过去了，又是一天；一年过去了，又是一年。而我们却早已不复当年了。

事实上我们什么都拖延不了，更别说时间了。一千年前和一千年后，时间还是像现在一样地在分秒流逝，而我们因为拖延付出的最大的代价，只能是我们的生命。

潜能提示：为什么在拖延时间

1. 并不认为拖延时间就是在损耗生命。此类拖延者并不认为“时间是组成生命的材料”，或许他们也知道这一点，却并未形成觉醒的意识。

2. 时间有的是，拖一拖无所谓。此类拖延者尽管清楚“时间是组成生命的材料”，却总觉得时间多的是，拖延时间对生命的耗损微乎其微，所以也就采取置若罔闻的态度。

你为何会患上工作焦虑症

一年多之前，张强可是公司里出了名的“拼命三郎”，现在他也算是公司里的老员工了。当初刚进入公司时，他对工作满腹热情，任劳任怨。当时由于单位人员少、任务重，他一人包揽了手机信息、汇报材料、打扫卫生、跑腿打杂等所有杂七杂八的事，另外还要按时完成领导交给的其他工作任务。

那时候，加班对于张强来说是家常便饭。大多时候同事们都下班了，他还在办公室里整理文件和材料。就是每天中午休息的时间，他也从来没有休息过。公司发展得很快，人员也急速增长，一年之内增加了二三十人。他满以为老总会提拔自己当部门经理，结果只是让他做了个小小的主管，薪资也没有多少提高。

为此，有的同事就打趣他说：“干嘛那么拼命地工作，何苦呢？何必非得急着被提拔呢！”对此，他也只好苦笑着说：“没办法，也就是当一天和尚撞一天钟。”

不过没多久，张强就真的开始过上了“两点一线”的生活——每天按时上班，按时下班。而对于工作，即便是分内的，他也是能拖就拖，能不做就不做，更不要说分外的事了！

就是因为觉得领导待自己不公，他对工作越来越爱搭不理，心想总有一天领导会发现自己的重要性。可谁知道，他没做的工作，领导很快就让别人接手了。他本来想借着拖延工作来体现自己对公司的重要，结果却是让自己显得更加无足重轻。

潜能提示：工作焦虑症你了解多少

或许在每日的工作中，你也经常会碰到类似的情况：绞尽脑汁也拿不出一份创意的策划、费了半天劲销售额仍旧停滞不前、财务报表总好像永远也做不完似的……越来越觉得工作是如此单调而枯燥，心里的倦怠和厌恶也一日比一日严重。

由此，相当多的人对工作失去了兴趣，态度随之变得消极，也失去了耐心。情绪上开始烦躁、易怒，对前途感到无望，对自己工作的意义和价值评价下降，对周围的人、事物漠不关心，常常迟到早退。也想着跳槽或是转行，可又担心失去现在所拥有的，于是一直犹豫不定。

这就是典型的工作焦虑症。相当多的人在工作中，都会经历这样的一个时期。人处于焦虑之中是最拖延的，当前的工作不想做，新的工作又不敢轻易去找！不少人因此拖延了一生！

你拖延得起吗

二战期间，日本偷袭珍珠港时，其实当第一波次的日军轰炸机接近港口时，美军雷达观测站就已经发现了。基地值班军官认为这是从美国本土飞来的己方机群，而他的上司对这一报告产生过怀疑，也想应该立即去核实一下，但最终他却没有立刻去做。这次拖延导致的结果是——日机扔下的航空炸弹证实了他的怀疑——飞来的不是己方的飞机。

在日本人的这次偷袭中，美方损失了6艘巡洋舰和3艘驱逐舰、188架飞机被击毁、数千官兵伤亡。假如这一情况能够被及时查证，假如基地的战斗警报能够提前拉响两分钟、或者一分钟，情况或许就完全可以是另一番样子。

不少人总觉得拖延只是小毛病，可很多时候我们是拖延不起的。因一时的拖延，使很多时候失去的，往往是我们此后再努力也挽回不了的。战争如此，人生也是如此。

大学毕业后，由于学习成绩优异，文华被一家大型国企看中，去了该企业所属的一个设计院做暖通工作，职位是助理设计师。一毕业就能谋到这样的一份工作，文华很兴奋，踏踏实实开始了他在设计院的工作，这一干就是三年。

设计院的工作很清闲，没事时文华经常和大学的同学聚一聚。慢慢地，他发现其他同学的工作虽然也不错，可他们却好像并不热衷

“吃皇粮”，纷纷跳槽，有的还开起了自己的公司，干得风生水起的。本来他并没想过跳槽这件事，因为他觉得自己所在的这家企业薪资待遇很不错，福利也很丰厚。可每当他一而再、再而三地看到其他同学跳槽，心里还是会有这个念头。

到底要不要跳槽去寻找适合自己创业的机会？文华一直犹豫不决，这件事也就一直拖而未决。就这样，工作也再不像以前那样用心了，而自己创业还只是个头脑里模糊的想法。转眼间，已过而立之年，可他的职位还是个助理设计师。

李阳以前在一家私营电子公司做行政工作，后来去MBA进修。毕业之后，很快就有一家猎头公司找上门来。不久之后，他顺利去了一家在深圳的合资电子产品生产企业，出任行政副总，主管人事、行政、质量监管等方面的工作。

公司的总裁是个美籍华人，也是单身一人在深圳打拼，下班后经常和公司里的几个管理人员一起吃饭、喝酒、娱乐，相处得很融洽。在工作中，相互间配合得也很默契。李阳觉得在这样的一种环境下工作，简直就是一种人生的享受。

由于大家心往一处想，劲儿往一处使，两年之中，公司的业务发展得非常顺利。就在这时，一家加拿大的上市公司看中了该公司的发展前景，提出了要将公司收购的意向。同时，李阳所在的公司觉得背靠大树好乘凉，也希望能有一个更广阔的发展空间。于是，通过一系列的谈判，收购成功，且加拿大公司同意总裁及他的管理团队继续留任。

就在李阳和其他人都松了一口气，觉得美好前景就在眼前，准备放手大干一场时，意外发生了：公司被收购后不久，总裁就因为与投资方在业务方向上分歧很大，一怒之下辞了职，返回了美国。

不久，投资方又从新加坡派来了一位新的总裁，是一个对中国市场一点都不了解的加拿大人。初到公司，新总裁就开始在全公司内推行他的那一套西方管理模式，非常厌恶随意和灵活地处理业务及管理问题，致使大家的工作很难展开。对此，李阳好几次当面对新总裁的决定提出疑议，而新总裁对他也颇多微词。

跟领导的关系处得很糟，工作又难以展开，两难中的李阳想到了离开。可是去别家公司，是否能谋到自己现在这样的职位和薪资待遇？李阳犹豫了，心想还是再拖一拖，也许公司的情况会好转、也许会有更好的机会。

令李阳没有想到的是，此时的新总裁正悄悄地通过猎头公司寻访适合他这一职位的新人选。结果，七个月之后，李阳就被辞退了，而当时的他还在犹豫自己是不是要离开！直到接到辞退通知，李阳才后悔不迭。若不是因为他拖延，早点离开公司或想办法解决与新总裁的误会，绝不会陷入现在这样的处境。

潜能提示：拖延的代价

我们总以为把一些棘手的问题往后拖一拖，也许就能得到好的解决。实际上，越是棘手的问题，越往后拖越难处理。引发问题的各种条件和因素都没有了，要想解决问题又该从何入手呢？何况，拖延的成本是很高的。

首先是时间上的。假定一个人的寿命是80岁，除去20年的幼年、少年时光，以及60岁后的老年生活，真正用于实现自身价值的时间只有40年，算算你现在还有多少时间可用来拖延？

其次是精神上的。问题一天得不到处理，你的忧虑和困扰就会一直伴随着你，为此而造成的精神损耗，远比你去解决问题要多得多。

最后是物质上的。当问题一出现时，往往是解决的最佳时间，所消耗的物质成本也最低廉。随着时间的推移，物质成本也就相应地会成倍增长。

把握住机会

曾在一本书里看到这样一段话：昨天晚上，机会来敲我的门。我赶忙关闭报警器，打开保险锁，拉开防盗门——它已经走了……

初看到这段话时，我先笑，然后在笑中看到了拖延。机会总是稍纵即逝的，最容不得的就是拖延。一时的拖延，你很可能看到的就是从手指缝里溜走的机会。这正如培根所说：机会老人先给你送上它的头发，如果你没抓住，再抓就只能碰到它的秃头了——时间就是在如此快地飞逝着。

在一个小山村里住着祖孙俩。祖父是个老猎人，小孙子缠着要跟他学打猎。于是，祖父就带着他去林子里捕鸟。祖父有一架捕鸟机，它看起来更像一只箱子。祖父教他怎么使用：用木棍支起，然后在木棍上系根绳子，人隐蔽在灌木丛中。祖父还告诉他，小鸟受撒下的米粒的诱惑，一路啄食，自己就会进入箱子，那时只要一拉绳子就大功告成了。

孩子按照祖父说的，把箱子用木棍支好，然后藏了起来。不久，果然飞来一群小鸟，有十几只。它们大概是饿久了，一路啄食，不一会儿就有6只小鸟走进了箱子。小孩正准备拉绳子，又觉得还有3只也会走进去，便决定再等等。谁知又过了一会儿，那3只小鸟非但没进去，进去的反而又走出来3只。小孩懊悔不迭，心想：那怕再有一只走进去就拉绳子。结果又有两只走了出来。如果这时拉绳，还能套住一只，但小孩却怎么也不甘心，心想：总该有些要回去吧。最后，小孩连一只小鸟都没有捕到，不过他却领悟到了一个受益终身的道理：在机会面前，绝不能拖延！

有两个大学生，一个叫王远，一个叫张强，毕业后都被分配到了一所中学教书。两人的英语水平都不怎么好，但他们还是热爱教师这个职业的。每天，两人都坚持听英文广播，看英文杂志。

机会总是不期而遇。那年学校校庆，恰好有一所外国学校的考察团要来学校参观学习。校长召开临时会议，确定接待人员，另外需要一名流利的英语翻译。然而令校长没想到的是，学校那么多英语老师，居然没有人愿意做这项工作。大家心里都很清楚，这是第一次有外国考察团来学校参观学习，翻译工作很重要，万一有一句翻译错了，就会吃不了兜着走。校长问了几个年轻的英语老师，他们都支支吾吾没有信心。

其实在这个学校里，张强的英语表达能力是最好的。他也知道这一点，可他又害怕自己一旦翻译得不好，那就无疑是自找麻烦了。就在他犹豫不定的时候，王远忽地站了起来说："不如……让我试一试……"他这句话打破了会议上的沉默，正在为会议上的沉默而难堪的校长显得有点意外。可是见其他人都不愿意承担这个责任，而外国学校的考察团三天后就来了，虽然有点不放心，还是决定让王远去试一试。于是，放了王远三天假，让他回去好好准备。

三天后，外国学校的考察团来了。事情的发展比想象中顺利，王远的表现让外国友人赞叹不已。纯正的口音和幽默的谈吐让这次访问变得十分有趣和轻松。临走的时候，外国访问团的负责人力邀王远去他们国家讲授中文，并向校长特别请示了这件事情。

校长没有拒绝也没有答应，而是让王远自己来决定。王远没有答应去外国教书，而是选择留了下来。一年半之后，由于校长的极力推荐，王远被派往外地学习深造，三个月之后回来又被任命为学校的副校长。

眼看着王远就因为当了一次英语翻译便平步青云，张强心里很不舒服，他很后悔自己当初为什么没有把担任翻译这件事一力承担下来。他很懊悔自己为什么偏偏在那个时候拖延！一天，两人在一起喝酒时，张强乘着酒劲儿把自己的心里话一股脑儿说了出来。

“其实，当初我也以为你会把翻译的事揽下来，可见你没什么举动，我就站起来了。这是个挑战，也是个机会！”

我们总是在期盼着机会的来临，可又总是习惯性地拖延着，然后抱怨说机会从未光顾过自己，跑到别人那里去了。人生的很多悲哀不是因为别的，只是因为放纵了自己的拖延。领导交给的工作任务没有信心去完成会拖延、很有信心还是会拖延；工作内容很简单，觉得自己举手投足间就能完成，于是拖延；工作内容很繁琐，一看就让人脑袋大，还是要拖延；遇事犹豫不决是拖延，为错失的机会懊悔不迭还是在拖延……

日子就在这样的拖延中虚耗着，我们为了回避内心的焦虑找来了各种各样的借口。就这样，无休止的拖延，各种各样的借口，时间悄然地流逝，我们也从青春年少变成了垂垂老者。只是不甘的是，错失了很多机会的我们，居然就这样过完了自己的一生。

潜能提示：行动起来

好思想并不能换取成功。有着好的思想，还要有实际行动，成功的关键在于一个人明确的行动。否则，即使思想再好，也只能是空想。

有一个年轻人问苏格拉底这样一个问题："苏格拉底先生，你能成为出名的思想家，成功的关键是什么呢？"

苏格拉底想都不想就回答："多思多想。"

年轻人满怀"心得"，一路跑着回家。在家里，年轻人每天都躺在床上，望着天花板，一动不动，他在想苏格拉底给他的心得"多思多想"。

就这样，年轻人在床上一睡就是两个月。妹妹很担心，于是跑去找苏格拉底。她对苏格拉底说："苏格拉底先生，求你去看看我哥哥吧！两个月前，他从你那回到家，就像中了魔一样，一直睡着不起，也不说话。"

苏格拉底到了那人的家中一看，只见年轻人变得骨瘦如柴，拼命挣扎着起身，可怎么努力也坐不起来。年轻人对苏格拉底说："我每天除了吃饭，一直在思考，你看我离成功还有多远？"

"你每天除了在床上思考，还做了一些什么呢？或者，你每天都思考一些什么问题？"苏格拉底问。

"我每天都在思考，想的东西太多了。因为一直在思考，所以我什么都没有做。"年轻人答道。

"你这个蠢货！你不知道吗？只想不做的人只能生产思想垃圾。

成功是一把梯子，双手放在口袋里的人能爬上去吗？”苏格拉底大声说道。

年轻人很委屈地回答：“不能。”

“那你还做这样的蠢事。有好思想，还要有实际行动，否则即使思想再好，也只能是空想。”苏格拉底说。

不要总是等待

不知大家想过这个问题没有——当有一天自己垂垂老矣、行将就木，回想自己的人生，会作何感想呢？是觉得此生足矣？还是懊悔不迭？抑或怅然若失？

有人或许会觉得：我还这么年轻！是啊，年轻真好，有着大把的时间，只是不知你是否还记得，几曾幼小的自己，托着下巴坐在窗前，想象长大后的样子，当时也觉得那是一件多么遥远的事！

人生就像是一次旅程，刚坐上车时有点兴奋，未到站之前总觉得目的地是那么遥远。等到达了，下了车，旅程也就此结束了。其实人从生下来那一刻起，终其一生都要面对一个问题：死亡。

一天深夜，一家医院的危重病房里，一位癌症患者静静地躺在床上，妻子在他身侧的床上睡着了。这时死神来到他的身边，他知道自己生命的最后时刻到来了！于是他隔着氧气罩，含糊不清地哀求死神："再给我几分钟，就几分钟，好吗？"

"你要这几分钟干嘛？"死神不屑地看了他一眼。

癌症患者紧吸几口气，说："我要用这最后的几分钟，感谢一直陪在我身边的妻子。自从她嫁给我，就没过一天好日子。还有我的亲朋好友，得病之后我才感觉我是多么需要他们。我还要用这最后的几分钟，好好看一看我留恋的这个世界。或许我还能听一片树叶从树枝上飞落到地上的那一声叹息；运气好的话，我也许还能看到一朵花儿由封闭到开放……”

“你的想法很不错。”死神说，“可是我不能答应，因为在此之前，我给了你足够的时间去欣赏、去珍惜，但你却没有，总是在拖延。在你的一生之中，曾经有过何止是十几万分钟，可你却从未将此放在心上，现在却反过来恳请我再多给你几分钟！”

癌症患者一脸疑惑地看着死神。只见死神打开一份账单，逐条念道：

在你这60年的人生中，你居然把一半的时间都花在了睡觉上，折合成分钟是1500万分钟！

在余下的30年时间里，你曾经无数次埋怨时间过得太慢，平均每天一次。无论是在你少年时代的课堂上，还是在你青年时期约会的长椅上；无论是你壮年时期等待升迁的仕途上，抑或你中年时期下班前……你几乎每天都埋怨时间太难熬、过得太慢，为此你想出了各种各样打发时间的消磨方式，现在我将其大致罗列如下：

从青年到老年，你几乎每天都打2个小时左右的麻将，为此耗去了约有39万分钟。你还是个十足的酒鬼，每天喝酒用去的时间按1个小时算，实际远非这个数，这样算下来，也并不低于打麻将的时间；

“此外，你还热衷于在上班的时间和同事闲聊，比如狂侃中国足球以及某部电视剧有多么臭。还时常拿着一张报纸出神，吐烟圈，对着窗外看女同事的大腿发呆，为此耗去的时间并不低于你打麻将或喝酒的时间；

就算这样，你还是感觉生命的无聊空虚寂寞，还强拉邻居、同事或下属跟你一起打麻将、玩扑克，甚至还从小孙子手里抢过鼠标玩电子游戏。再后来，你赶潮流学人家上网，还取了个网名叫“阳光绅士”，平均每天将近有十个小时泡在聊天室里，同一大堆亦真亦假的女人找感觉……

你还有事没事和人煲电话粥，在街上无所事事地闲逛，到马路边上看别人下象棋，一次就是好几个小时；

在你的主持下，还召开了无数次较有强大催眠作用的会。在会场上你公然带头打瞌睡，这使你的睡眠时间远远不止30年，而且还强迫更多的人来参加，使他们的睡眠也和你一样超标……

“还有……”

死神还想继续念下去，一抬头，发现癌症患者眼中的生命之火早已熄灭了，不由得长叹一声，说：“当你还活着，身体健康的时候就能明白这个道理，节约一分钟，不让自己的人生在拖延中虚耗的话，你就完全有时间听完我给你记下的账单了。世人怎么都是这样，总等不到我动手，就……”

死神还想再说些什么，欲言又止，转身消失在了幽暗之中。

潜能提示：人生如何才圆满

有人说人生要过得完美，我看这是很难办到的。人生始终面对的其实只有一个问题——那就是死亡，这是我们解决不了的。当然还有很多其他的问题，可随着时间的推移，这些问题都被我们解决了，也就无所谓问题不问题了。

人有死亡的一天，就不可能做到完美无缺，而只能是圆满。我们常说某人这辈子算功德圆满了，就是说他人生的圆满。所以我们盼望的，是一个圆满的人生。那如何才可以让自己有一个圆满的人生呢？

1. 惜福。做人要懂得惜福，也就是知足。“知足之足，常足矣。”一个人只有感到足够了，才会觉得满足。也就是说满足首先是理智上的，然后才是认识上的，而后才会懂得去珍惜。

2. 发现。你要问一个人热不热爱自己的生命，没有人说不。实际上大多数时候，对此我们是漠视的。我们总是在抱怨，然后在抱怨中蹉跎，直到有一天要离开了，才发现这个几曾让自己牢骚满腹的世界，原来是如此美好！就因为我们缺少一双“发现”的眼睛，一颗“发现”的心。

3. 有目标。人生最大的困惑就是没有目标，不知道自己身在何处，该往哪里去，又会到哪里去。这也是我们感到痛苦，乃至于绝望的原因。

4. 不拖延。一个人最大的遗憾，就是老之将至，发现自己还有很多该做的事并没有去做，而此刻却已没有时间，这就是拖延的罪过！

你如何看待拖延

1. 你是否觉得拖延没什么大不了，反正时间多的是?

A. 当然。我经常为怎么打发时间而头痛，有时一发呆，就是十几分钟。

B. 怎么会！我的时间总是不够用，拖延对我而言是不能容忍的。

分析：

你怎样看待时间，其实就是你怎样对待生命。

选择A——可以说，此类人对生命还未有正确或者清晰的认识。他们有大把时间，却不知道拿来干什么，只好拖延。

选择B——现在大家都想过忙碌而充实的生活。忙碌不一定就充实，忙碌而有意义，这才叫充实。此类人，最应该考虑的就是自己的忙碌是否有意义。

2. 你是否经常借着拖延工作来表达自己对领导和公司的不满?

A. 我经常这样。领导处事不公，对公司的薪资待遇或其他不满时，我就无心工作了，反正工作也是为公司干的。

B. 偶尔为之。虽然知道工作时不应带着情绪，可还是不自觉地要发泄一下情 绪，幸好能很快扭转过来。

分析：

选择A——此类人总觉得工作不是为了自己，也不把拖延当回事。他们不明白，工作是不会被拖延的，真正拖延了的只有自己。时间荒废了，能力没增 长，得不偿失。就是单从方法而言，这种做法也是很不明智的。

选择B——此类人的自控能很强，很清楚拖延对自我造成的损失，偶尔的拖延也只是正常的情绪宣泄。

3. 你是否意识到就因为拖延，自己失去了很多？

A. 没这样的感觉。日子不都一天一天地过，有什么可失去的！

B. 感受很深。每次都告诉自己不能再拖了，可还是会拖，为此常深深自责，懊悔不迭。

分析：

选择A——日子一天天过，可每一天都是不同的，因为你不一样了。“三 十而立，四十不惑”。如果你四十岁，还在为自己要干什么而发愁，这就是你最大的失去。

选择B——不希望有拖延，可仍旧会拖延。这是拖延者普遍存在的问题。要想解决这个问题，首先应该清晰认识到拖延对自身的危害，然后掌握克服拖延的方法，实施之。

第三章

拖延的代价

我们在一日复一日中拖延着，却并不觉得这有多么不应该。我们似乎已经习惯了拖延，也总觉得这没什么大不了。我们从未仔细地掂量一下，就是在这没什么大不了的拖延中，我们失去了什么，而这是今后我们再也挽回不了的。

今日事，今日毕

“明日复明日，明日何其多。我生待明日，万事成蹉跎。”其实，让人一事无成的不只是因为拖延，总把事情往明天拖，还因为我们真没有那么多的“明日”！若真是“明日何其多”的话，我们又怎会大发“时不我待”的感慨呢！

在一个古老的原始森林里，曾经发生过这样一件事：秋天来了，阳光明媚，鸟儿欢快地歌唱，辛勤地劳动。其中有一只寒号鸟，有着一身漂亮的羽毛和嘹亮的歌喉。它到处卖弄自己的羽毛和嗓子，看到别人辛勤地劳动，反而嘲笑不已好心的鸟儿提醒它说：“快垒个窝吧!不然冬天来了怎么过呢？”

寒号鸟轻蔑地说：“冬天还早呢，着什么急！趁着今天大好时光，尽情地玩吧！”

就这样，日复一日，冬天眨眼就到了。鸟儿们晚上躲在自己暖和的窝里休息，而寒号鸟却在寒风里，冻得发抖，用美丽的歌喉悔恨过去，哀叫未来：“哆啰啰，寒风冻死我，明天就垒窝。”

第二天，太阳出来了，万物苏醒了。沐浴在阳光中，寒号鸟好不得意，完全忘记了昨天的痛苦，又快乐地歌唱起来。

鸟儿劝它：“快垒个窝吧，不然晚上又要发抖了。”

寒号鸟嘲笑地说：“不会享受的家伙，明天再垒窝也不晚！”

晚上又来临了，寒号鸟又重复着昨天晚上一样的故事。就这样重复了几个晚上，大雪突然降临，鸟儿们奇怪寒号鸟怎么不发出叫声了呢。太阳一出来，大家一看，寒号鸟早已被冻死了。

曹操把人生比作是朝露，说“去日苦多”，可太阳一出来，露水也就蒸发掉了。所以说，我们其实并没有那么多的明日。若总把事情推到明天去做，即便不会像寒号鸟一样冻死在寒冷的冬夜里，也会像朝露般被阳光蒸发掉！

其实，更多时候人们只是把“还有明天”当作了一个借口，用来纵容自己的拖延，却并未想过，就因为这纵容，很可能让自己这一生一事无成。对于我们普通人来说，人生最悲哀的事莫过于“老无所依”，可这又能怪谁呢？怪儿女不孝顺？怪社会保障制度不完善？其实最应该怪的还是自己。若不是自己年轻时把大好的时光和机会白白浪费掉了，何至于老境如此不堪呢！

一个人虔心向佛，遇事总要到庙里去烧香磕头，问问菩萨是什么意见。一次，他又到庙里去烧香，无意中发现一个跪在自己身边的人很像佛堂上供着的菩萨像，也在那里磕头。

这个人越看对方，越觉得像，就问：“你是菩萨吗？”

对方听了点点头，说：“是啊，我就是菩萨。”

这个人很奇怪，说：“你既然是菩萨，为什么还在这里拜？哪儿有自己给自己磕头的！”

菩萨说：“求人不如求己，你没见我手里整天拿着念珠吗？”

归根结底，人终究还是要靠自己。怎么靠？就是珍惜时间，遇事不拖延，不把今天的事推到明天去。因为任何美好的明天都始于今天，也只有今天才是最珍贵的。

著名作家玛丽亚·埃奇沃斯对于“从今天做起”而不是“从明天开始”的重要性有着深刻的见解。她在自己的作品中写道：“如果不趁着一股新鲜劲儿，今天就执行自己的想法，那么，明天也不可能有机会将它们付诸实践；它们或者在你的忙忙碌碌中消散、消失和消亡，或者陷入和迷失在好逸恶劳的泥沼之中。”

Atari公司的创始人、电子游戏之父诺兰布歇尔在被问及企业家的成功之道时，这样回答道：“关键便在于抛开自己的懒惰，去做点什么，就这么简单。很多人都有很好的想法，但是只有很少的人会即刻着手付诸实践。不是明天、不是下星期，就在今天。真正的成功者是一位行动者，而绝不是什么空想家。”

潜能提示：美好生活需要行动

“总有一天我会长大，我会从学校毕业并参加工作。那时，我将开始按照自己的方式生活……”

“总有一天，在偿清所有贷款之后，财务状况会走上正轨，孩子们也会长大。那时，我将开着新车，开始令人激动的全球旅行……”

“总有一天我在考虑退休，我将买辆漂亮的汽车开回家，并开始周游我们伟大的祖国，去看一看所有该看的东西……”

“总有一天……”

有时候，人们的拖延不是因为事情有多难，而是把事情想得太好了，以致成了一厢情愿。其实，就像这个世界一样，没有什么是一成不变的，唯一不变的就是变。人生也如是，没有哪个人的人生会是水到渠成，更不是靠拖延就能拖出美好生活来。

当你想着“总有一天”的时候，这一天往往不会到来。当你把今天要做的事拖到明天去做时，很可能你还会把它拖到后天。只是不知你是否想过，你的人生能拖几何？

拖延的危害

提到冷血杀手，可能大家马上想到的就是：一身黑衣，目光冷峻，视人命如草芥，杀人后鲜血顺着刀刃一滴滴往下掉——借用郭德纲相声里的一句话：他的刀是冷的，他的剑是冷的，他的血是冷的，他的心也是冷的！

可不知大家是否已经察觉到，在我们每个人身边，也潜藏着这样的一个冷血杀手，那就是拖延！它是一个真正的冷血杀手，无情地损耗着我们的生命，却并未因此有丝毫的心慈手软！它杀伤了我们的积极性，消磨了我们胸中的豪情壮志，让我们变得一事无成。尽管我们打心眼里不喜欢这样的自己，却也只能是焦虑，只能是抱怨，只能是挣扎在拖延的泥沼里，越陷越深！

《尚书》里说“惟天地万物父母，惟人万物之灵”。就是说，地生万物，天育万物。而在这万物之中，人是最有灵性的，也是最聪明的。据说爱因斯坦只开发了人脑的14%，就成为世界上伟大的科学家和发明家。因此，弗洛伊德才把人脑比作是一座冰山，里面蕴涵着极大的能量和资源。

可以说，人从来到这个世上之后，就注定是要有一番作为的。可为什么绝大多数人并没能如愿以偿呢？不知你是否还记得，那曾几何时在胸中升腾着的灼热梦想，那曾经让你热血沸腾，仿佛整个世界都踩在你的脚下！可又是从什么时候开始，那股灼热慢慢冷却了，梦想也成了只能是做梦时想一想的场景。然后你安慰自己说，这就是现实。梦想很丰满，现实很骨感!

或许你还有其他各种各样的原因，但这都并不足以成为你平庸一生的理由。你是否曾为梦想去努力，去打拼，去持之以恒地探寻？我们每个人都只有这一世的生命，重要的不一定是结果，而是过程。或许你终究也未能实现梦想，生命搁浅在了通往梦想的路上，那也是值得的，因为你有梦想，很多人从来就没有过!

或许你也不是不想去实现梦想，也不是不想让自己的人生活得更有价值和意义，只是因为习惯了拖延。你也为此制定了很周密的计划，虽然之前你就制订过很多的计划，虽然并没能落实，想起来感到深深的失落，可你还是觉得来日方长，自己有的是时间，一时的拖延无关紧要。殊不知，太多的人就因为这样，一晃就是一辈子。

每天清晨睁开眼睛，我们总觉得这又是一个平淡无奇的一天，却不知有多少意外之事是不在我们预期的：交通意外、突发脑溢血、心脏病；天塌地陷的地震、汹涌而来的洪水，生命就在刹那间消失于无形之中。

生命是很脆弱的，至少并非如我们所认为的那样坚强。所以面对生命，我们更应该以一种活在当下的心态，不要想着去拖延，把事情拖到下一个未知的时间里是不明智的。库里希坡斯说：“过去与未来并不是‘存在’的东西，而是‘存在过’和‘可能存在’的东西，唯一‘存在’的只有现在。”有人将这句话做了一个形象的比喻：昨天是一张已注销的支票、明天是一张期票、今天才是握在手中的现金!

聪明的人都是活在当下的，他们不会耽搁在对昨日的缅怀中，因为那已经是过去，耽搁就是拖延；也不会把美好建立在不可预知的未来，那就像天空中飘过头顶的一朵云，一阵风就吹得没踪影了。只有今天才是最实实在在的存在，也只有当下的此时此刻才真真切切地握在你手里。你可以从此刻开始去做很多事，也可以任其从指缝里溜走。

你是否还记得曾深爱过的那个女孩？每次想起，她还一如当年的样子，仿佛仍在等着你去开口；你是否还记得领导那失望的眼神？你也知道那是一份很重要的工作，可还是找借口拖来拖去，最后胡乱完成了事；你是否曾有过赶火车误点的经历？本来之前一直提醒自己不要落下什么，可临出门的时候还是发生了。

拖延就是如此“冷血”，它扼杀掉勇气，然后留给人生无尽的遗憾和悔恨；它坍塌了自信，然后留给人生的只有犹豫和迟疑；它荒芜了希望，继而让生命里流淌的只有麻木和绝望——拖延抹杀人性中的一切美好。

潜能提示：就在此时

你是否曾有过这样的经历：早上闹铃一直在响，可自己还是赖在床上不想起，直到再不起就迟到了，才火急火燎地爬起来，饿着肚子就跑到公司了？一件事本来可以今天完成，结果第二天才理出一个头绪来，接着又想着明天再去做，就这样一天拖一天？几年前就打算去某地旅游，结果一直抽不出时间来，现在又想着拖到退休后再去？

拖延是人性中的一个弱点。世间最消磨意志、摧毁创造力的，莫过于拥有梦想却一直在拖延。它让时间就这样一去不复返，让事情始终得不到解决，让美好像落花一样付诸东流！

有人说我们活在一个不现实的社会里。有些事我们的确无能为力，而有些事明明是有能力的，却只想着再往后拖一拖。于是，我们就这样把自己带到了不现实的想像中，因为我们想要的结果可能都还在不可预知的未来！

“前事已逝，后事可追”，所以人是活在现在的。如何能有一个美好的未来呢？就要从今日始，从此时此刻开始，而不是拖延。若不然，美好就会连同未来一起化为泡影！

立即行动

认识女孩时，男孩25岁，女孩24岁。那是在大学校园里的一个午后。女孩有着晶莹剔透而又澄澈无比的眼眸，肌肤鲜活水嫩，就像一朵绽放在水中的白莲花，纯洁而漂亮；而他身材魁梧，挺拔，剑眉朗目，言谈举止之间散发着独特的魅力。

男孩第一眼就喜欢上了这个女孩，女孩也是。没多久，他们就相爱了。两人整天粘在一起，花前月下，雨中漫步。即使分开一小会儿，都会彼此想念。那真是一段美丽而又浪漫的日子，那时的天空每天都是蔚蓝的。

大学四年的美好时光转眼就过去了，他们面临着毕业找工作的问题。校园里很多情侣为此而劳燕分飞，可他们不愿意。

男孩的家里很穷，毕业后回家也就代表着失业，所以他想去大城市开创一番事业。女孩的家境殷实，父母就她这么一个女儿，就想让她回老家找一份安稳的工作，能常伴膝下。女孩不顾父母的阻挠，毅然决然地陪着男孩去异地打工。

男孩异常感动，暗下决心一定要给女孩最好的生活：一套带落地窗户的大房子，一辆足以炫耀的汽车……男孩清楚要在一个陌生的大城市得到这些，并不是一件容易的事。但他有信心，等到他能给女孩这一切的那天，他一定会捧着鲜艳的玫瑰跪在女孩面前，求她嫁给自己！

来到异地，生活的各种艰辛、现实的残酷扑面而来。为了生活，男孩找了一份并不是他本专业的工作，但能赚多些钱。女孩也很快找到了工作。每当晚上两人拖着疲惫的身子回到那间租住的小屋，互诉一番彼此今天的工作和经历，两人就都很开心。

寒冬里，他们围着火炉相拥取暖，并信誓旦旦地说："不管发生什么事情，我都不许你离开我，我们会是最幸福的一对儿！"就在这漂泊在外、捉襟见肘的日子里，两个人的心贴得更近，在校园里的浪漫时光会情不自禁地被他们提起。

时间不经意地流逝，一晃就是6年。男孩累死累活，也只是个公司的小部门经理，月薪刚过五千。而女孩昔日美丽的容颜，现在也变得黯淡无光；那几曾纤细而又娇嫩的手也变得粗糙而又苍白。

每天的工作并不轻松，下班后女孩身心俱疲，此前天真单纯的脸上如今也写满了倦意。可是每当她回到租住的小屋，见到男孩，还总是强自微笑。

这6年两人省吃俭用，才攒下不足10万块钱。这些钱想在这座大城市里买一套房子，简直就是在痴人说梦！男孩感觉到自己在这个城市里的渺小，他万分惭愧，越发觉得对不起女孩。每当女孩微笑着注视着他时，他总能感到隐隐的心痛，苦笑着安慰女孩说："亲爱的，再等几年，等我们在这个城市有了一个家的时候，我们就结婚。"

每当听到男孩这样说，女孩的笑容就会凝固，那失去光彩的脸上更是笼罩着忧伤。此时，男孩心里更加自责。他深深地知道，所有这一切，都是因为没有钱，不能让女孩过上像她在家里那样的生活。为此，他更加拼命地赚钱，像牛一样勤耕不辍。

见他日渐消瘦的身体，女孩时常深夜里偷偷地流泪。她拥有男孩对她全部的爱，却并不是最快乐的人。她心疼他，害怕他这样会把身体彻底毁了！犹豫了很久，她终于下定了决心。

一天下班后，男孩拖着疲惫的身体回到那间小屋后，没见到女孩，却看到了她留给他的一封信："因为我爱你，所以我要离开你。这间屋子里会留下我所有的眼泪，你我之间的情谊我会永远留在心里，直到我老去的那一天！每天看着你越发消瘦的身体，我于心不忍，不想再让你背着这么重的压力！每当你偷偷喝酒回来时，不知道你想过没，痛苦的又何止是你一个人？"

"其实，这么多年来，我一直在等着你对我说——我们结婚吧——为了这句话，我等了6年！只要你说，我就答应。哪怕我们没有自己的房子，哪怕我们一直住在这样的小屋里！可你却没有。你总说要等那样的一个日子我们就结婚，我想我是等不到了……"

潜能提示：爱情没有拖延

不知从什么时候起，爱情变得如此物质了。这当然不是哪个人的错，这是社会问题。人毕竟是生活在一种社会形态之下的，即便如此，我们还是要坚持一些纯真的东西，例如爱情。不然我们的人生会是怎样？存在的意义又何在？

现在不少年轻人结婚的前提是：有车、有房。有这样的目标当然很好，但是不是没车、没房就不结婚呢？我看倒未必。一些人认为他们这是从现实出发，其实是最不现实的。

以中国当前的社会财富来看，要想每个人都能有一套带落地窗户的大房子、一辆足以炫耀的私家车，基本上是不现实的。社会财富就那么多，十个人中有一个人能达到这样的水平，已经很厉害了。你凭什么敢保证自己就是那十分之一，而不是十分之九中的一个？

其实，生活远不像你所认为的那样物质，人与人之间的感情更不是。毕竟我们是为了更好的生活才需要物质，而不是为了得到更多的物质才活着！

你就这样错过了亲情

女儿出生了，初为人父的你激动不已，把她轻轻地捧在手里，越看越觉得她漂亮、可爱。她在你面前眨眨眼睛、动动小嘴，你是多么想亲亲她，可是你没有时间，公司里的事太多了，你要努力赚钱，争取在事业上更进一步。

就在没有你陪伴的日子里，女儿学会了蹒跚走路，牙牙学语，当她含糊不清地叫你“爸爸”时，你激动得热泪盈眶。你是多么想陪她好好玩一会儿，可还是放下了她，去忙工作。你心想：等忙完了这一段时间，一定要好好陪陪女儿。

可你总也没有忙完的时候，而女儿已经能说出长句子了。当有一天，她跑到你面前，要你给她讲故事时，你犹豫了一下，却说：“宝贝，爸爸现在真的没时间，明天再给你讲，现在让妈妈讲给你听。”于是你转身又一头扎进了书房，研究着企划案。

女儿再大了一些，养了一只宠物狗，每天都和它一起玩，可每每看到你，还是会让你给她讲故事。时日久了，她不再缠着你给她讲故事听，而是问你什么时候回家。每晚回家，你一进门，总看到女儿和她的宠物狗蜷缩在沙发上睡着了。这时的你总会隐隐心痛，叫醒女儿去睡觉。女儿揉着惺忪的眼睛，说：“等我长大了，也要像爸爸一样。”

你回答说：“也许呀！不过，只要爸爸一有时间，一定陪我家的宝贝玩，我们会玩得十分开心。”然而你总也没等来这样的时间！

转眼，女儿九岁的生日到了。你买了一架电子琴送给她，作为生日礼物。她高兴地接过去，说：“你是我最爱的爸爸，谢谢爸爸。我们一起来玩好吗？爸爸，你教我弹琴吧！”可是你却回答：“今天不行，公司里还有很多事情需要爸爸去处理。”

女儿的脸上似乎并没有像过去一样闪现出失望，而是耸耸肩说：“那好吧。”然后她抱起自己的宠物狗，一个人去玩儿了。你还觉得女儿长大了，懂事了。

女儿一天天长大，你也一天天老了。后来女儿考上了大学，每年只有假期才会回家。她已经出落得亭亭玉立，你似乎都快有些认不出来了。当她从学校拿到一等奖学金回到家时，你对她说：“宝贝，你真是爸爸的骄傲，你能坐下来和我说一会儿话吗？”她却笑着对你说：“爸爸，改天吧，今天我和同学约好了要去游玩儿，暑假长着呢！改天一定好好陪你！”

有一天，你退休了，终于可以坐下来一个人静静地思考问题了。女儿也已长大成人，参加了工作，有了自己的家。你很难见她一面，就像当年她很难见你一样。

一天，你拨通了女儿的电话，说：“女儿，你有时间吗？我想见见你。”女儿却回答：“爸爸，我也很想你，很想去看望你，可今天恐怕是不行，公司还有很多事情需要我去处理呢。”

当听到这句话的时候，你忽然有种似曾相识的感觉，像是在哪里听到过这样的话。女儿真的长大了，也真的就如你当年一样。当你抚摸着怀里的宠物狗时，对着话筒问：“女儿，你什么时候能回家一趟啊？”女儿也总是回答：“说不准呀！我也想见你，想好好陪陪你。这样吧，等我一有时间了，一定回去看您，我们一定会玩得十分开心。”

“有一些事情，当我们年轻的时候，无法懂得；当我们懂得的时候，已不再年轻。世上有些东西可以弥补，有些东西永无法弥补。”人世间的亲情也是如此，最经不起拖延！

亲情是稍纵即逝的眷恋，亲情是无法重现的幸福，亲情是一失足成千古恨的往事，亲情是生命与生命交接处的链条，一旦断裂，永无续接的可能。

潜能提示：亲情经不起拖延

有人说，人生最大的遗憾之一就是“子欲养，而亲不在”。而这样的遗憾，也是拖出来的。就是因为拖延，让我们错过了体验这种人世间最真挚情感的机会。

许多时候，远方的游子总是会说：“要回家一趟谈何容易啊！我的工作这么忙，回家的路途这么远。”可是你想过没有，你上次回家看望父母距今已有多久？你想过没有，你的父母对你的思念是多么深切？你想过没有，你还能回家见爹娘几次？

许多时候，近在咫尺的人们总是会说：“我那年迈的老妈真是好烦人，每次我去见她，总听她这样那样唠叨个没完，好像我还是三岁的小孩，总是不放心。”可是你想过没有，你还能听她对你唠叨多久？你想过没有，为什么她总是觉得你是个三岁的小孩？你想过没有，这唠叨里包含了多少无法言说的爱？

其实，回家的路并不长，长的只是你无止境的拖延！

别在拖延中虚度

有两个病人同时住进了五官科病房，都是鼻子不舒服。在等待化验结果的时间里，甲说如果他得的是鼻癌，就立刻去旅行，把祖国的大好河山好好浏览一番。乙听后，也同样如此表示。没几天，化验结果终于出来了：甲得的是鼻癌，乙只是鼻息肉。

乙离开医院时，甲如此向他告别："再见吧我的兄弟！或许你我再没有见面的机会了！我不知道自己还能活多久，过去按天过，现在论秒了……"

甲很快就列出了一张告别人生的计划表，一刻都没有拖延，然后悄悄离开了医院。甲列出的计划表如下：去一趟拉萨和敦煌；从攀枝花坐船一直到长江口；到海南的三亚以椰子树为背景拍一张照片；在哈尔滨过一个冬天；从大连坐船到广西的北海；登上天安门；读完莎士比亚的所有作品；力争听一次瞎子阿炳原版的《二泉映月》；写一本书……凡此种种，总共有27条。

在这张生命清单的后面，他写下了这样一段话：我这一生有太多的时间被浪费了，现在老天留给我的时间不多了，生命开始了倒数，我不能还躺在病床上虚度，要去做一些自己真正想做的事。

从医院出来后，甲先去公司辞掉了所有的职务，然后马不停蹄地前往拉萨和敦煌；第三年，甲又以惊人的毅力和韧性通过了成人考试。在这两年多里，他到过三亚，也登上了天安门，还去了内蒙古大草原。遇到一户很热情的牧民，并在蒙古包里住了一个星期。现在，甲正在实现自己写一本书的愿望。

一天，乙偶尔在一份报纸上看到了一篇很具哲理的散文，是甲写的。惊奇之余，乙便给甲打去电话询问他的病情。通过电话，听得出甲的精神状态很好，一点也不像一个时日无多的病人。在电话里，甲不无欣喜地对乙说："我真的无法想象，要不是这场病，我的生命该有多么糟糕！是它提醒了我，去做自己想做的事，去实现自己想要实现的梦想，不要再拖了！现在我才体味到，原来生活可以过得如此有意义！"

两个人聊了很长时间。临了，甲在电话里问乙："你现在的生活也过得挺好吧!"

乙干咳几声，没有回答。在医院时，他也说要去拉萨和敦煌，也要好好浏览一番祖国的大好河山，可因患的不是癌症，这些想法早就被抛在了脑后。

很多时候，我们并不是没有时间去实现自己的计划，而是因为时间太充裕了，以至于让自己纠缠在一些多余的事情里，忘却了那些应该做的事。其实，每个人都患有一种不治之症，那就是死亡。我们之所以没有像那位患鼻癌的人一样，为自己的生命列出一张清单，为了实现梦想而把其他的一切都抛开，就是因为我们一直认为还有的是时间。也正是因为有这样的想法，我们总是在拖延，而且还并不以此为意。

人生如"白驹过隙"。生命远没有我们所认为的那么长，且不说它有时有多么脆弱，即便能安安稳稳地终老，算来也只是弹指一挥间！切不要当生命开始倒数的时候，才惊醒不能再拖延。生命最承担不起的，就是拖延之重。毕竟在拖延中虚度，最终虚度的是我们的人生！

潜能提示：拖延是漠视生命

人就是这样，总习惯性地漠视，直到失去了，才蓦然懊悔没有好好珍惜。春暖花开，并未认真去观赏，那怕只是一朵花。等到花谢了，才惊叹自己错过的是一个多么绚丽的季节；月明星稀，并未想过抬头仰望，等到乌云密布了，才想起那是一个多么美妙的夜晚。

凡此总总，其实只因为一个原因，来日方长。春去春又来，错过了今年花开，来年还会花开满枝头；而晴朗的夜空今晚不是，有的是晴朗的夜晚。

有人说人生最痛苦的就是生离死别。可好像非得经历一番这样的痛苦，我们才能懂得时间的珍贵。不然更多时候我们在做的，也只是在拖延！

我们在拖延中虚耗生命，并且漠然地对此视而不见，居然还认为自己是如何热爱生命！难怪有人说，大多数人是不带脑子生活的——他们思考，却并不知为何而思考；他们活着，还以为这是一种常态！

想到就去做

我认识一对夫妻，男的以前在外贸局上班，女的是一所学校的老师。因为一起经历过风雨，两人感情很深。之前我们是邻居，后来搞拆迁，两家住得远了，偶尔还能在街上碰到。改革开放之后，因为工作的便利，丈夫经常到外地出差，回来时总不忘给妻子带礼物回来。

他每次带礼物回来，妻子都拿在手里比划半天，爱不释手，尤其是他从杭州带回来的那条丝巾。妻子经常把丝巾从箱子里翻出来，拿着仔细欣赏。丈夫看到了，就会说："放着干什么！"这时，妻子就珍宝似地把丝巾叠好，又放到箱子里，说："等一个特别的日子我再戴！"

然而那个特别的日子她还是没有等到！几年后她在一次体检中，被查出患了鼻咽癌晚期，没多久就去世了。后来的一天，丈夫在整理衣柜时，发现了压在箱底的那条漂亮丝巾，一时间泪流满面。

偶尔的一天，我在他家楼下碰到了他，便到他家坐坐。两人闲聊时，无意中谈起了他的妻子。他依旧很伤心，还说起了妻子从没戴过的那块儿丝巾。从他的语气里，我听到更多的是对已故妻子的愧疚。

人生或许怎么过都会有遗憾，然而最让人难以承受的，就是有些遗憾本来可以没有，本来是可以弥补的，却只因为拖延——一块儿从未戴过的丝巾，一个女人小小的心思，却成了一生都未能达成的宿愿。

我们总觉得时间还很多，日子还很长，却未料到就是在这样的拖延中，生命已开始像午后的太阳，一步步走向了落幕。人生真是经不起拖延！

还是在18岁的时候，李晓就听说了那句“不到长城非好汉”的豪言壮语，当时他就暗自决定要登上长城去看一看。当时他还是一个高二的学生，一年多之后就是高考，所以他想着高考结束就去登长城。

一年多之后，紧张的高考结束了。接下来的日子，他就在等公布分数、填报志愿、等录取通知书中度过了。其间也想过去登长城，可总提不起兴趣来，他想：还是等上了大学，那时候有的是时间，再去长城也不迟！

大学四年一晃就过去了。在这四年里，他进修完了西方哲学，英语也过了六级，还抽空考了驾驶执照，却由于种种原因并没能达成游览长城的愿望。大学毕业之后，他开始忙着东奔西走地找工作，有时一天跑下来累得人仰马翻。于是他又想：等找到了工作，有了稳定的工作和收入，一定要实现自己登上长城的宿愿，让自己当一回真正的“好汉”。

毕业于名校，个人也很有能力，很快他就如愿以偿地找到了一家不错的公司，并得到了一个令其他同学艳羡的职位。可是刚走出校园的他，突然来到了这样一个新的环境中，无形的压力让他如履薄冰。为了胜任自己的工作岗位，他自愿放弃了节假日的休息，全力以赴地投入到了工作中。理所当然，登长城的计划再一次搁浅了。

半年多之后，工作中的他已经游刃有余，得到领导和同事的一致认可，还结交了一个漂亮的女朋友。于是他就想：和女朋友一起去登长城该有多好啊！本来很容易的一件事，可由于他和女朋友工作性质不同，两人的时间老是凑不到一块儿，登长城的计划也不得不一次次地推迟。有很多次，他出差到北京，总想找机会去一趟长城，可结果不是事情紧急，办完事就火急火燎地回到了公司，就是参加会议、约见客户，根本没有时间去。

再之后，他和女朋友结了婚，组建了自己的家庭，隔年还有了一个可爱的宝宝。他还是惦记着自己登长城的梦想，可没完没了的工作和家中柴米油盐的琐事，使他不得不一次次打消了这个念头。

时间过得真快，转眼间孩子就八九岁了。他和妻子也已人过中年，各自有了自己的事业。一家人其乐融融地待在一起时，他开始兴致勃勃地计划着一家三口去登长城。天有不测风云，他还没开始自己的旅程，就在一次体检中被查出患了白血病。一下子，他整个人都垮了，躺在病床上焦急等待着骨髓配对的消息。

知道自己时日无多，李晓眼泪汪汪地对病床前的妻儿说："我对不起你们娘儿俩，这么早可能就要走了，没有办法再照顾你们了；我也对不起自己，我有一个登长城的宿愿，一直没有实现。看来，这辈子真的是不能当一条好汉了……"

潜能提示：没有特别的日子

在你的旧书里，是不是还压着一封情书？本来想在一个特别的日子送给“她”的。可那样的日子始终没来，她也已嫁作他人妇；你的心里一直很中意他，总想找一个特别的日子两人好好聊聊。某天偶尔遇到了，你激动万分，却看到他身旁有一个可爱的小男孩，是他儿子；有一个人是你一直想要感谢的，他曾在你最困难的时候帮助了你。可直到现在，对方也未收到任何你的只语片言，因为你一直在等那个特别的日子。

其实，人生并没有什么特别的日子，也可以说每一天都是一个特别的日子。因此，那些总是等待特别日子的人，无非就是以此来拖延，而且在开始拖延时，他们并不清楚自己会失去什么！

你为此而失去的，不只是一个爱你或你爱的人，不只是一次难得的机会，不只是内心对他人的亏欠。生命是一件很偶然的事，人生也是这样，不经意的一次小波折，人生就会完全不同。从来就没有什么特别的日子，因为此时此刻就是最特别的！

请写下你意识到的拖延

第四章

拖延的原因

我们要相信：成功完全是自己的事情。没有人能促使一个人成功，也没有一个人能阻挠一个人达成自己的目标。只有我们把想要办成的事付诸行动，才能走向成功。

别被完美所累

无可否认，在现今的社会里，我们对成功的理解和认识太过于狭隘了。我们认为成功就是拥有金钱、权力、声誉、美貌和才华。这样一个对成功的定义，明显是一个近乎完美的要求。也就是因为在这种强大的社会舆论下，一个人如果没拥有这一切，那他就会被认定是失败的，而且一定是哪里出了问题。

为了不背上一个失败者的标签，也为了不被别人认为自己有什么问题，很多人总是努力想要把事情尽可能做到完美。可就是因为这种追求完美的心理，往往会让人在实际的工作当中遭受更多的挫败。

大学毕业后，一路过关斩将，小叶终于如愿以偿地进入了一家实力很强的跨国公司，在销售部供职。初入职场的他，总想着要在公司里做出一鸣惊人的业绩来，好让自己能崭露头角。可是在半年左右的时间里，他做的都是一些杂七杂八的琐碎事。

一天，销售总监把他叫到自己的办公室，说："你来公司已经半年多了，各方面的表现都还不错，也很有能力。最近公司要推出一款新产品，你可不可以做一个产品的推广方案？"听了经理的这番话，小叶一阵狂喜，心想：自己一试身手的机会终于来了。

"如果经理信任我，我愿意尽自己最大的努力去做。"

"公司对你当然是有信心的。只是这款产品公司要尽快推出，所以给你的时间只有两个星期。"

小叶一口答应了。从总监办公室出来，小叶就马上开始着手收集有关产品方面的资料。他想着，这次自己一定要把这个推广方案写得尽善尽美，借以显示自己的实力和才干，也为自己在公司的发展打开一个良好的局面。

想到做到，小叶在编写策划方案的时候，每一个细节都力求做到完美。很多时候，一些内容本来已经可以了，可他还是觉得不满意，于是狠一狠心推翻了重来。就这样，他总在一些细节上计较，很多地方多次推翻了重来，结果还是觉得不够好，为此还经常加班。

时间分秒飞逝，一刻也不拖延，很快一个多星期就过去了。某天早上，总监再次把小叶叫到自己的办公室，询问产品的推广方案进行得怎么样了。他一下子傻眼了，他一直想着要把方案搞得尽可能完美一点，以致现在还只是刚起了个头。因此，当总监问起时，他只好支支吾吾地说："已经快写完了，再好好地修改整理一下，就可以交上来了。"

总监听后点点头，说："再抓点紧，争取明天下午把方案拿给我先看一下。"

小叶不知自己那声"嗯"是怎么出口的。出来之后，他再也顾不上什么完美不完美了，马上着手开始写。忙了一天，晚上还加班到深夜1点，总算把方案草草地完成了。

第二天去公司把方案打印出来，小叶心里五味杂陈：本来想着要弄一份近乎完美的推广方案，结果却弄出一份很糟糕的方案来。总监看着他交上来的方案，微微皱着眉头。小叶知道自己这次想要的完美"亮相"是彻底泡汤了，他心里感觉到前所未有的挫败感。

作为公司的新人，第一次接到比较重要的工作任务，想要尽可能地将其完成得更好，以显示自己实力和才干，这是无可厚非的。何况我们现在的很多企业不也是经常把“高标准、严要求”挂在嘴边吗？

殊不知，就在企业要求员工把工作做到完美，员工也自我加压努力往完美的程度做时，其实也是拖延的开始。

追求完美与办事拖延的人同样都是在浪费时间。当然，以完美为标准进行工作的人，他们并不是缺乏能力或者不够努力，只是被某种形式的完美主义或求全观念所束缚了。以案例中的小叶为例，他并不是没有能力将这份产品推广方案完成得很好。而结果却是：他的能力和努力结果不但没达到应有的展现，反而还给总监留下了应付工作的印象，自己也倍感挫败感。

这就是因追求完美而造成的拖延。实际上，对工作高标准、严要求是好的，可另一方面我们还要清楚：工作是不可能做到完美无缺的，毕竟我们需要在一个界定的时间里把工作完成。

追求完美其实是一种变相的拖延，对于工作，我们所能做到的，就是在规定的时间，将其做到最好。现在干什么都讲求个合理。什么是合理？就是各方面都能通过，大家都觉得合适。要想做到这一点，也许只有当你放下对完美的追求之后才能够做到。

潜能提示：完美心理的拖延症

因拖延而追求完美的人，往往对自己有着很高的期望值，显得不够现实。他们在思考问题时也容易绝对化。他们大都有这样的想法：平庸只能招来他人的轻蔑；优秀无须努力；事情还是要自己解决；总有一个正确的解决办法；我不好胜，但也不能接受失去；要么最好，要么不做。

人活着，除了生活所需的物质需求之外，更多需求则是来自心理上的。说白了，也就是求认同的心理。每个人或多或少都有这样的心理，希望能得到他人的认同，从而使自我价值感得到满足。

可是从自我价值感到他人的认可之间，存在着这样的一个关系：自我价值感=能力=表现=他人认可。可是拖延的出现，恰恰打断了能力与表现之间的等号。有能力，却没有相应的表现，由此造成了因害怕失败，而追求完美的心理。结果越是想把事情做好，表现反而越糟。

没有得过且过

王先生是一家公司的市场部经理，平时的工作压力很大。某一个星期一的早上，老总交代给他一个任务：下周一公司要召开例会，届时需要他提交一份详尽的市场分析报告。当老总把这个任务交给他去做时，他已经能明显感觉到这对他有多么重要了。这份报告不仅关系着王先生年底的绩效考核，还关系着日后他在这家公司的个人发展态势。

走出老总办公室，王先生的脚步显得异常沉重。倒不完全是因为有多大的压力，还因为这是一份很繁琐也很累人的工作，为此他不但要加班去搜集大量相关的资料，还要进行整理、汇总、分析。一想到自己即将就要忙得焦头烂额的样子，他一个头都有两个大了。

回到自己的办公室，他的老毛病又犯了。就在他坐下来准备开始工作时，又一想：还是再好好考虑、再好好规划一下吧，毕竟这是一份很重要的工作，也不是一下子就能完成的。在接下来的几天当中，他也总是对自己说：等考虑成熟一些再开始……

就这样，直到周日，也就是最后一天，王先生才感觉到事情不能再拖了。于是他不得不连续工作了十多个小时，才勉强把报告完成。可是，对于完成这份报告的质量，就连他自己都觉得不满意。结果可想而知，当他周一把报告递给老板时，老板粗略看了几眼之后脸上显出来那不满的表情，他知道自己今年的绩效考核分数算是完了，自己的个人发展前景也很可能因此变得渺茫。就这样，他再一次尝到了拖延给自己酿成的苦果。

案例中的王先生并不是不知道完成这份报告的重要性，也不是没有完成这份报告的能力，可结果为什么一直拖到最后一天才草草地把报告勉强完成？带着这个问题，让我们一起就这个案例来分析一下。

站在王先生的立场上，他当然希望自己能够排除万难，做一些繁琐的工作，然后很好地把这份报告完成，交给老板之后能得到老板的赏识和认可。他有这样的想法是很正常也很合理的，而且实际上他也有这个能力把报告完成得很好。可最后为什么会是那样一个结果呢？其实就是因为在他的潜意识里，还有一些类似这样的想法：

“这个任务实在太繁琐太累人了，需要长时间加班，这是我无论如何也无法忍受的。”

“或许，就算我排除万难，任劳任怨地把报告完成了，交给老板，老板也不一定就会很满意，与其这样，还何必去受那份罪呢！”

“很好地把报告完成，老板很满意，年底的绩效考核很不错，自己在公司的发展前景一片光明，这当然好。可为此自己就不得不忍受一段时间的痛苦，老天爷太爱折磨人了！”

像王先生一样，在我们每一个人的潜意识里，其实都存在着一种对现实问题逃避式的想法。例如面对着桌面上堆积如山的文件，就想：反正这些文件今天也处理不完了，还是先好好休息一下再说；看着工作日程表上排得满满的需要去完成的工作，头就昏昏的，心里不免泄气：算了，还是等明天再一口气把这些工作都处理完吧……

这种对现实问题逃避式的想法，说白了其实就是一种惰性心理。

我们太想让自己的需求在一瞬间就能得到满足了，太想让痛苦能很快就过去了，然后舒适和快乐取而代之。可是在这个现实的世界里，个人心理的这种需求根本无法得到满足，于是这种惰性心理就转而化之为拖延。在这种拖延里，我们能暂时让自己体验到那种舒适和满足，如同案例中的王先生，拖延使他可以暂时不去进行那份繁琐又累人的工作。

当然，这样暂时得来的舒适和满足，带有很大的伪装和欺骗性，因为被拖延的工作还是要完成的，如同案例中的王先生，不得不连续工作十多个小时去把报告赶完。人总是为了获得短暂的舒适和欢愉而去经受更多的痛苦和折磨，其起因却是由于我们的惰性心理：逃避痛苦、希冀快乐、倾向于追求立即的满足。

每个人或多或少都有着惰性的心理，因此在潜意识当中也都认为生活是不应该太艰难的。于是当这些艰难出现在面前，我们又不能一下子将其解决的时候，大多数人还是选择了逃避式的拖延。只是这样的拖延，却往往带给我们更多的艰难。

潜能提示：因为恐惧，所以拖延

人性是好逸恶劳的，喜欢安逸，讨厌劳累，所以我们追求幸福的人生。所谓幸福，当然是与痛苦、受罪不沾边了。可也就是因此，很多人选择了拖延。也就是说，很多时候人们之所以拖延，或许只是为了拥有一个更安逸的生活空间，一个更舒服的工作氛围，一份更舒适的心情。

他们并不是不知道事情亟待处理，可还是像个小孩子一样，以为把头缩在被窝里，一切就都会好起来。因此，从根上来说，拖延并非是一个时间管理上的问题，也不是一个道德问题，而是一个复杂的心理问题。其中恐惧心理是不容忽视的。

就是因为恐惧，所以选择逃避；也是因为恐惧，所以宁可拖延。然后心存侥幸地以为，只要拖一拖，困难就会变得不那么难了，问题也就不再成为问题。这是我们大多数人的悲哀，但比这更悲哀的是，就在我们的拖延中，一切都没有任何的好转，反而更糟！

过犹不及的信心导致拖延

前几天，小范在一家新的公司入职，这已经是他的第七份工作了。一天，主管安排他独立去完成一项工作任务。接到任务，小范像过去一样又开始担心了：这是我来这家公司第一次独力去完成工作，要把它做好——可是我能把它做好吗？万一做得不理想，主管不满意，会不会觉得我很没用？

其实，小范之所以会频繁换工作，倒不是因为他没有能力，也不是因为那几家公司的薪资待遇不行，或提供给他的发展空间不足，而是每次在接到需要独力去完成的工作任务时，他总会担心不能很好地完成。就这样，工作被拖了又拖，直到最后时间所剩无几。结果正如他所担心的那样，工作果然没能很好地完成，很多时候根本没完成。

这一次也没有例外，当主管向他询问工作进行得怎么样时，他只好支吾着说还没完成呢！主管听了微蹙一下眉头，然后安排另一名同事帮他一起尽快把工作完成。小范的内心无比低落，更觉得自己没用了。

有心理学者认为，人之所以会拖延，一部分是由于低自尊导致的，也就是缺乏自信。一个人没有信心，最集中的反映就是对自己能否取得所期待的结果缺少必要的信念。而人对信念的不确定，又会降低其对成功的期望、损害动机，最终促发了拖延的产生。

因不自信而拖延的人，总认为事情超出了自己的能力范围，并会由此贬低自我的价值，从而使自我的尊严处在一个很低的水平上。而一个人长期处于低自尊的状态，就会很自然地回避困难的任务，并避免一切可以对他们能力做出简单推断的活动，从而给他人造成一种假象：工作完成得不好，不是因为能力不足，而是由于努力不够。

小杰的父亲是一家大型公司的老总，而他自己却是一个被学校评价为愚笨的学生。父亲是他的骄傲，也是他的偶像，他总想着自己有一天能像父亲那样出色。可这也只是在他心里想想——父亲那么成功，而自己却这么平凡！他觉得自己根本不可能做到。

不自信一直伴随着他，直到他从一个二流的大学毕业之后。一天，父亲把他叫过来，问他是否愿意去公司帮他。他想去，当然想去，可他又没有信心自己确实能帮得了父亲。所以他拒绝了，他觉得自己当一名普通工人是最适合的。

虽然最后父亲还是把他安排到了自己的公司，可由于严重的信心不足，他始终无法独立完成哪怕有很小难度的一份工作。为了避免这一情况的出现使他难堪，他总是想方设法地拖延，然后再想办法把工作推给别人去做。

做任何事情，如果没有信心的支撑，想要达到预期的效果，那的确是很难的。因此，有人就认为“只要有自信的人就永不会输”，换言之，没自信的人那就输定了。这句话其实有待斟酌。因为太过于自信的人往往也会拖延，而且这种拖延更多时候不只是他自己一个人的事。

太过于自信的人往往更容易拖延，最能集中体现这一点的就是达·芬奇。这个空前绝后的天才，他一人集艺术家、科学家、文学家、诗人、音乐家、哲学家、工程师和发明家等多种角色，而且都取得了非凡的成就。

可就是这样一个天才，也因为自己的自信而经常拖延。他的那幅传世名作——《最后的晚餐》之所以能完成，这要得益于他的资助人威胁说要砍掉给他的资助费用；而那幅《蒙娜丽莎》，他则用了整整20年才完成；另一幅名作《贤士来朝》则是一幅没有完成的画作。

后世一位历史学家在研究达·芬奇的生平时，居然惊讶地发现，他的天才和能量往往浪费在了涂鸦以及没有完成的工作上。直到晚年，当达·芬奇面对如此多的只完成了一半的作品时，才意识到拖延给他带来的不幸有多大。上帝赋予了他极大的才华，本来在有生之年他可以做出更大的成就。为此，他恳求上帝："请您告诉我，我还有什么工作没有完成？请您告诉我什么工作已经完成？"

过于自信的人，接到任务时总觉得自己会以一种有条不紊的方式将其完成。虽然他们也意识到自己不能够或者不愿意马上就开始，却仍旧相信：无论如何，根本不需要做什么特别的安排，事情就会自然而然地完成。只有当时间所剩无几时，才会发现情况并不如当初预想的那么好，满满的自信也就变成了担忧。

什么是过犹不及？任何事情做过了头，其实跟没做到都是一样的，信心也是如此。缺乏自信不好，自信过了头，也不见得是什么好事，都会引起人的拖延，也都会因为拖延而使事情半途而废。这个世界讲求的是平衡，所谓平衡就是不过头，也不是达不到。工作只有处于这样的一个平衡状态，才能完成得最好。

潜能提示：够自信，为何还拖延

缺少自信当然不好，容易让人陷入到对自我能力的否定中，从而导致拖延。可是若自信过头，也不见得就是件好事。我们常说某人自信过了头，固执得要命，放着大好的时机不去把握！

其实，无论是缺乏自信，还是自信过头，都是因为不肯面对现实而造成了拖延。缺乏自信是看轻了自身的价值和能力这一现实，而自信过头则是太相信自己的价值和能力了。所以做人做事要“中庸”，既不夸大，也不贬低，保持冷静、客观的头脑很重要。

要有自制力

有一个医学院毕业的年轻人，顺利地找到了一家大医院实习，而且认识了一位非常有名的外科大夫，年轻人早就仰慕这位医师的医术。于是有一天，他问医师："我能看您做手术吗？"

医师看了他一眼，说："可以，明早7点半，我有一个手术。"

年轻人迟疑了一下，因为他通常早上起得比较晚，7点半对他来说有些早，不过他还是对医师点了点头。

第二天，年轻人很守信，准时到了手术室。手术完后，他对医师赞不绝口，并表示想做医师的学生。医生答应了他的请求，他非常高兴地说："希望有一天我也能像您一样成为一名出色的外科大夫。"这样，他后来又去了几次。

可是有一天，他没有按时到手术室，医师做完手术走进办公室，发现他坐在那里。

"你去了哪里？"

"我睡过头了，起来一看，已经晚了。"他回答说。

"下次一定注意。"医师说道。

"好的。"

可是，一连几次，他都没有来，医师再次碰见他的时候，他问医师："您下午有没有手术？如果有，下午我比较方便一些。"

"对不起，我总在早上做手术。我要挑病人最好的状态，早晨刚醒是最好的时间。”

“哦……”

这之后，他再也没有出现在医师的手术室里。

作为一名实习医生，能和一位自己早就仰慕的著名医师学习，想必这位年轻人也知道是一个很好的机会。就如他自己所言，若一直跟着医师学习下去，将来他也会成为一名著名的医生。可说来也可笑，就因为他有爱睡懒觉的毛病，最后只能是不了了之。

很多时候我们不是不知道该做什么、该克服什么，这也正是我们痛苦纠结的原因——明明知道，却往往做不到。我们害怕生命虚度，却又在害怕中虚度生命！

古罗马时期，有一个叫圣·奥古斯丁的人是当时著名的神学家和哲学家，著有自传体作品《忏悔录》及长篇作品《上帝之城》。尤其是《忏悔录》，现在仍有很多读者。可就是这样一个人，年轻时一方面陷在肉体的情欲之中，放浪形骸；另一方面在思想上又努力想挣脱出来。这大致上就是最让人感到痛苦的。就因为他长期处于与情欲决裂的挣扎中，使他养成了做事拖延的毛病。虽然后来他皈依了基督教，下定决心放弃性生活，但他自己都承认，“回避两性关系比回避什么都困难！”

圣·奥古斯丁是优秀的，却活得很痛苦。因为拖延，他浪费了很多时光。为此他向上帝忏悔说：“当你向我呈现那些真理，我知道你是对的，我尽管确信它的神圣，仍然只能重复那些没有信心的话：立刻，一分钟，给我一小会儿！但是‘立刻’从不是指现在开始，我要的‘一小会儿’也被我无限拉长……我向你乞求我的贞洁，但不是现在。”

潜能提示：做一个有自制力的人

我们经常说长大成人，实际上每个人都会长大，但并非每个人都会成人，这中间缺少的就是一个自制力的问题。所谓“成人不自在，自在不成人”，也就是儒家所说的“格物”。

在我国的儒家文化中，很注重通过纠正自身的行为来达到修身的目的，也就是“格物致知”，并认为这是“齐家、治国、平天下”的基础。一个人要是缺乏自制力，连家里都处理不好，更不要说干什么事业了！

那么如何让自己成为一个有自制力的人呢？说白了就是将自己放在一定的框架里面，不由着自己的性子来，更直接的说法就是学习生活中的规矩。“无规矩不成方圆”，无规矩也不能成人、成事。

环境氛围对人的影响

人是生活在一种环境氛围当中的，起先我们或许会觉得不适应，然后慢慢融入，最后都感觉不到这种氛围的存在了，因为我们早已经习惯。这就是为什么有些人在进入一家新公司之后，开始会觉得不适应，工作时间长了，不适应没有了，一切都变得理所当然。

小丽大学毕业后一直在一家广告公司上班，一干就是五年。那是一家要求很严格的公司，每个人做事也都很严谨，工作期间很少有人聊工作之外的事。

后来小丽结婚了，丈夫在另外一个城市。两人为了不像牛郎、织女那样过日子，经过多次商量，小丽决定辞职，去丈夫所在的那座城市工作。

小丽很快就在新的城市找到了一份工作，那也是一家广告公司，规模要比她之前在的那家公司大很多。第一天去上班，她就惊奇地发现：工作期间居然有几个女同事聊起了某家服装店新进了一批连衣裙，样式很新颖；某家家具城正在打折销售，家具还都不错……而那几个男同事则商量着下班后一起去哪家餐馆吃饭，那家酒吧的吧女身材好、又漂亮……

小丽觉得很难接受，他们聊天的时候经常会打乱她的思路，让她无法正常工作。可是后来随着跟其他同事越来越熟悉，她也开始家长里短地聊了起来，虽然大多时候觉得这样并不合适。再过了一段时间，如果哪天工作的时候没和同事闲聊，她反而觉得怪怪的。

这就是环境的力量。其实工作中的很多拖延，并不是刻意的，只是因为环境氛围使然。换言之，一些人虽然在拖延，但他们并未意识到自己是在拖延，他们一系列的想法和行为，完全是出于对周围环境氛围的习惯。这种习惯就像是一条缆绳，是一种下意识的行为。开始时也许很细，只要稍微用些力，就可以将其扯断，可我们却并未这样做，而是每日在上面缠上一股新的绳索，不久之后，它就变得牢不可破了。于是，我们的命运便不在我们的手中，而是落入了习惯的掌控，无论这习惯是好还是坏。这正如英国作家王尔德所说："起初我们造就了习惯，后来是习惯造就了我们。"

小陈是做现货仓单交易的，工作性质类似于股票的操盘手。三个月前，他辞掉原来的工作进了一家新的金融公司。起初的几天，让他有些受不了，倒不是因为来到一个陌生的环境，而是这家公司的管理制度严得让人喘不过气来，一天要打四次卡，迟到一分钟罚款50元，第三次后罚款100元，迟到15分钟就算旷工。另外，公司还要求每个人一星期要做4000手的单量，而且所代理的客户资金要达到20万元才可以在公司开户，否则只能回家做。

狮子座的小陈性格豪爽也散漫，在以前的公司一直是迟到大王，要是有一天早到了，同事们反而很吃惊：呀，太阳打西边出来了！以前公司的管理也没有这么严，甚至可以说根本不管，因为他们操盘手代理资金做单，多做多得、少做少得，确实是自己的事。有时他一个月的交易量也到不了1000手，而且两三千的资金就可以开户，也没有任务量的限制。两家公司在要求上如此大的差别，难怪小陈会觉得受不了呢!

不过受不了归受不了，小陈却从未想过要打退堂鼓，他可不想再过像以前那样的生活了。在以前的公司日子虽然过得快活，大家聚在一块儿只是侃大山，不知道的人进来还以为是家网吧呢！可是有一点却无时无刻不在刺疼着他，那就是赚不到什么钱。虽然每天起来他都暗暗告诫自己要多做单子，可一见大家都在混，自己也就跟着混了。现在这家公司虽然是累了点，但却很长见识，眼界、思维都得到了不小的提升。以前的单位能开个5万元的户就是大户了，他曾找个15万的客户，很是牛哄哄了一段时间。可现在的单位少了20万根本不代理，做的都是几十万甚至上百万的客户。公司的要求高了，每个人的工作效率也高得出奇，一个小姑娘用5万元的资金交易，一个星期就做了4000手的单量，一天就赚了三四千。以前总觉得客户难找，有时为了拉一个客户，恨不得给对方下跪，低声下气地求人家：也可以先拿三五万试试。现在一个刚比他早来几天的小伙儿，上街能拉来个二十几万的客户。要是在以前，小陈根本想都不敢想。面对公司这样的环境和要求，小陈现在也不觉得受不了了，反而干得相当起劲儿。

潜能提示：人活在一种氛围中

人是活在一种环境氛围中的，尽管这起初也是人营造出来的。什么叫“时势造英雄”？时也，势也，说白了也就是身处的环境氛围。人有时候就是逼出来的。每一个做事拖延的人，必然存在着一个允许他拖延的环境氛围。如果周围的环境根本就没有拖延的余地，他又怎么会拖延！

心怀恐惧，你就会拖延

有一个男孩在读初中的时候，喜欢上了班里的一个女同学。他一直想找一个机会对女孩表白，可每次还没开口就打了退堂鼓。最后他想到了给女同学打电话。

那是他第一次喜欢上一个女孩，也是他第一次给女同学打电话。他犹豫着、徘徊着，设想着自己打电话过去会出现什么样的情况？他觉得大概出现以下几种可能：

电话打过去，她正在写作业，她妈妈接的电话；

其实她也喜欢他，一直守在电话机旁，等着他的电话；

她做了错事，被父母训斥，因此怒冲冲地接起电话就挂了；

她正在想着另一个男孩，靠窗站着；

她父亲接电话，问干什么、有什么事；

有亲戚到她家串门，亲戚接了电话；

她接了电话，可父母在身边，说话不方便；

……

就这样，他翻来覆去地想了一下午，想好了应付各种情况的心理准备和对策。最后，他卷起袖子，往手心里吐口唾沫，哆嗦着抓起电话，按下了那几个早已烂熟于胸的号码键……随着“嘟嘟”声响，电话那头传来了提示音——对方占线！

就在男孩放下电话的同时，心里不但没有受挫感，反而如释重负，心情一下子晴朗了不少。其实他只是在拖延，目的也是在拖延，所以当电话打过去——对方占线，正中下怀，他又可以名正言顺地继续拖延下去了。

究其实质，男孩这样的举动虽然是出于一种拖延的心理，而更深层的则是恐惧心理在作祟。换言之，是恐惧心理诱发了他行为上的拖延。因为恐惧，所以他不敢当面向女孩表白；也是因为恐惧，所以他打电话前犹豫了很久，设想了各种可能出现的情况。

心理学上认为人的拖延一个很大的来源就是“恐惧”。人往往会因为害怕失败，害怕挫折，于是就会在无意识之中将事情往后拖。他们大概会觉得或许明天、下星期或是下个月，事情就会出现转机，那时一切都会有所不同。然而结果却是，一切果然有所不同了，但却并不是他们一下子如有神助般将事情完成了，而是彻底泡汤了。

其实，他们并非是没有能力，也不是不想把自己的才能发挥出来，只是因为惧怕心理，害怕真正去操作会做不到，所以才选择拖延，希望在拖延中事情能出现转机，希望这样就可以避免让自己面对失败。

雅楠接到了一家广告公司的面试通知。那家广告公司在大厦的二十层，大厦管理很严，两位精神抖擞的保安分立在门口两旁，来客必须登记才能入内。

她在登记的时候，说自己要去2001房间参加面试。

保安听后，抓起身旁的电话，然后对她说：“抱歉，您要去的2001房间现在没人。”

“怎么可能？刚才我们还通过电话呢，再说是他们约我今天来参加面试的，您看，我这儿还有他们的面试通知。”

“实在抱歉得很，女士。2001房间现在确实没人，我不能让您进去。”

随着时间一分一秒地过去，她内心已经由着急变得焦躁起来。可是面对这种情况，她也只能耐着性子等待，祈祷该死的电话能够接通。

约定面试的时间已经超过十分钟了，保安又一次彬彬有礼地告诉她，电话还是没通。在面试通知上明确规定，“迟到十分钟，取消面试资格”。她想：现在即便电话打通了，自己也没有了面试的机会！

她在心里暗自埋怨：该死的电话怎么打不通，这家破公司怎么会有这样的规定！可埋怨归埋怨，她犹豫了半天，还是自认倒霉地回到了自己的住处。晚上，她收到了一封电子邮件：“女士，您好!或许您还不知道，我们的面试已经进行过了，就在您今天下午去的那座大厦的大厅里，很遗憾您没通过。或许您没有注意到——那位保安先生根本就没有拨号，而且您也完全可以用自己的手机询问一下……”

只是一个简单的电话，只要打过去，一切都会真相大白，而雅楠也可以顺利通过面试。可为什么她宁愿站在大厅里一拖再拖，饱受那个保安的愚弄，也不想着自己打一个电话过去呢？恐怕还是由于恐惧心理，她害怕面对这样一个事实：自己打电话过去，房间里果然没有人，而自己的面试也就此结束了。谁知她这样的拖延，带来的结果却是——面试真的结束了！

潜能提示：克服恐惧

每个人的内心都有这样两种意识：一种倾向于行动，而另一种则倾向于阻止行动。对于习惯拖延的人而言，他们只是让阻止行动的意识占了上风。而人之所以会有这种意识，很大的原因就是因为恐惧。

处理任何事情，解决任何问题，首先我们应该清楚，不但要“知其然”，还要“知其所以然”。只有这样，事情才能很好地进行，问题也才能得到很好的解决。为什么我们每个人都知道拖延是不应该的，可还是会在无意中拖延？这就是“知其然”。人的拖延很大程度来源于恐惧心理，而恐惧心理对我们的行动起着抑制作用，要杜绝拖延，就要从克服恐惧心理做起，这就是“知其所以然”的真正作用。

拖延是很容易的，而不作决定则是相当不容易的。事情就在那里等着去完成，即便你去做其他事情，它也会在你的脑海里活跃着，因此而带来的恐惧也会与日俱增。可以说，因恐惧而产生的拖延，带来的只能是无尽的折磨和烦恼，这远远超过了我们将其解决所要面对的恐惧。人往往就是这样，因一时的恐惧而拖延，却又因拖延而陷入了更大的恐惧中。

抵触情绪会让你拖延

一家私企的老总发现最近公司的人工作的时候总是拖拖拉拉拉的，工作任务安排下去，好几天都等不来什么回馈，每次都要他亲自去过问才能有个结果。

一天，他让销售部做一份详细的市场调研，隔天送给他看。可是第二天他一直在办公室等着，直到快下班还没等来。打电话给销售部经理，他才恍然大悟地想起有这么一个事，支吾着说当时他把工作安排给一个下属去做了，而现在那个下属已经下班了，调研只好等到明天再送给他看。

他强压着火气，没有发作。谁知第二天，那个下属汇报说市场调研还没有完成。他再也忍无可忍了，把销售部经理叫到自己的办公室狠批了一顿，然后不容分说地交代会计发给那个下属三个月工资，让他立刻走人。

本来以为在他作出如此严厉的处理之后，别人就会引以为戒，拖延的现象会有所收敛。可是没多久他就发现，情况并非如此，该完成的工作还是不能按时完成，拖延依旧。他问我："怎么办？总不能都开了吧！"

我问他："你觉得为什么会出现这种情况呢？"

"我也说不清楚，好像他们对公司和我怀着很大的抵触情绪似的。"

“怎么会有抵触的情绪呢？这种情况一直都存在吗？”

“也不是……”他稍作思索之后说。

“那你准备到底怎么处理呢？”

“还没想好，我估计可能是公司管理制度方面的问题。”

在一家公司里，有个别员工对领导、对公司有抵触的情绪，这可能是因为他们个人的原因。因为公司那么多人，领导不可能面面俱到，让每个人都满意。如果大多数人都有抵触情绪，那就一定是企业领导的责任。不过这些话我并没有对他说。有人对此或许要发言了：你这人不地道，人家来问你，你就应该知无不言，言无不尽。结果你却把问题又抛回去了，那问你跟不问你有什么区别？

事实并不是这样的。一个人在遇到问题时，其实出现这个问题的原因，以及如何去处理，他心里都是有数的。只是他会犹豫，不知道自己的想法是不是正确，所以他才会去问别人。因此作为被问者，要做的只是将他心中的那份犹豫消除，让他更确定自己的想法。

后来，这位私企的老总请我去他的企业里去做调研。这是一家成立将近十年的公司，但企业人员的组成还都很年轻，不过员工问题却很严重。公司作出的所有决策或安排，无论对错，员工都有很大的抵触情绪，更有甚者可以说是对抗情绪，表现出一副任凭公司处置的态度。

这种抵抗情绪给公司造成了很大的负面影响，工作被人踢来踢去、计划迟迟不能得到落实；销售任务调了又调，还是完不成。更严重的是，这种拖延之风也传染给了新的员工。

员工为什么会有这么大的抵触情绪？是针对某个领导，还是整个公司？企业的哪些制度和规定是员工抵触最大的？当我带着这些问题下到基层，去和他们进行交谈时，很快就找到了问题的症结所在。

原来这个公司此前有一个王姓的副总，当初是跟老总一起打天下的，公司的很多员工也都是经他的手招聘来的。这位王副总平时待人和善，在员工中的口碑很好，再加上能力超强，一直是公司里的顶梁柱。

出于保护商业机密的考虑，有这样一条规定：同事之间不允许谈恋爱，如一经发现，两人中一个人必须离开公司。王副总多年来一直忙着为公司打拼，个人问题拖了又拖。半年多以前，他和下面一家分公司的女销售经理相恋了。老总知道了这件事以后，就要按照公司的规定让那位女销售经理走人。王副总据理力争，最后和老总闹翻了，与那位女销售经理双双离开了公司。老总不但没任何的挽留，还像对待其他离职员工一样，没有多给一分钱。

老总这样的做法，直接带来的效果是公司里的人都觉得很寒心，有人说：王副总为公司拼死拼活那么多年，立下了汗马功劳，都三十六七了还没成家，最后因为这么点小事就被赶走了，还是净身出户！我们还像以前那么努力地干，图什么？到最后连个好也捞不着！

我找到这家公司的老总，问：“你是想让公司进行一次大换血，甚至是全部‘清场’，还是想让大家再像过去那样？”

“我当然不想公司在人事上有大的动荡了，这会伤公司元气的。”

“那我有个提议——你是不是可以隆重地把王副总请回来？”

这位老总沉吟了很久，说：“王副总那件事，其实当初那么做的时候我就觉得不妥。”

潜能提示：杜绝拖延先从心理开始

现在的很多企业里，或多或少都存在着拖延的问题。其实，一些员工之所以会在工作中出现拖延的现象，也可能就是因为抵触才拖延。可是一些企业领导者在处理这一类问题时，往往只针对拖延这一现象，而不是从消除员工的抵触情绪着手。

这就是为什么一些领导要求严厉，习惯用粗暴手段处理问题的企业，一般都会出现严重的人才流失。领导者“头疼医头、脚疼医脚”，发现员工有拖延现象就只想着用最简单的方式让员工不拖延。结果员工的抵触情绪并没有消除，拖延依旧。

在企业管理中，我们是不应该把简单问题复杂化，可这并不代表任何问题都可以简单处理，尤其是有关人心理上的问题。人的心理是很微妙的，因此也就难以捉摸。领导之所以难当，也就在于此，他要善于抓住下属难以捉摸且微妙的心理。

世界上的任何事情都是人做出来的，任何事物的存在也都因为人的存在才有意义。因此，只要处理好人的问题，一切问题都不能称之为问题。而解决有关人的问题，就要从抓住人心入手。可以说，一个领导者只要懂得如何抓住人心，管理就会是一件很轻松的事。

丢弃被默许的拖延

那还是多年前的一件事。当时我在一家公司的行政部做助理，刚参加工作不久，平时经常会有上级部门或同级部门要我准备一些材料什么的。每次他们都会明确地告知我要在几月几日前上交，而我也每次都会按照约定的时间把材料交上去。

一次，一个上级部门让各部门准备一个材料，他们来汇总。时间很紧，只给了三天。我匆匆忙忙地把材料准备齐了，按时交了上去。那个部门的主管接过去之后，随口说了一句："这么早？"

我很纳闷，说："今天已经不是最后一天了吗？"

对方一副恍然大悟状，说："哦，对啊，最后一天。"

后来工作时间长了，我慢慢明白了，原来一般通知上要求的时间都是有余量的。大部分人在上交材料时都会出现拖延，这在各部门之间已经很普遍了，而需要材料的部门一般也都能接受推迟一两天上交这种现象。也就是说，如果规定时间是五天，第六天或第七天你把材料交上去，对方也觉得正常；如果你第五天交上去，对方反而觉得是你早了。

为什么会出现这种默许拖延的情况呢？其实原因很简单。如果今天你因为对方上交材料晚了就给领导打小报告说对方办事拖延，改天对方让你上交材料你也晚了，对方是不是也会打你的小报告？所谓"兔死狗烹"，大家都是同类，相煎何太急呢？人与人之间最重要的是什么？就是设身处地为对方着想。大家都做到了设身处地为对方着想，对方的余地有了，自己的余地也有了，拖延的现象也就蔓延开了。

明白了这一点之后，虽然我平常还是会准时完成任务，可难免也会偶尔出现到时没完成的情况，这时我就自我安慰一下：不用着急，没事的，晚交一两天别人也不会说什么的。以前我需要一些材料让其他部门准备，没按时交上来心里就会不舒服。慢慢的，我也学会了预留提前量，在通知的时候，本来需要七天，我就说五天内必须完成，这样即便有的部门拖延了一两天，也影响不了大局。

随着工作年限的增长，我跳了几次槽，其间还换了一次行业，不再做行政了。走的公司多了，我发现很多拖延其实是被默许的，在每家公司都有这样的现象。而且举凡拖延行为，表面看上去都很美，都会给人一种很奋进的错觉。

桌子上放着一份文件，急需要处理，但却很繁琐，一想起来就让人感到头疼。怎么办？最有效率的做法自然是打开文件，一点一点地去处理。可是不少人却并不会这么想，他会先闭目养神一会儿，或者干脆给自己冲上一杯咖啡，然后自我安慰地说这有助于提高工作效率。

本来计划一个星期完成的一份工作预案，都一个多月了还没完成，中间总是被一些杂七杂八的事打断。一个人整天都是忙忙碌碌的，可又不清楚到底在忙些什么。到最后，还写不写这份预案，什么时候能完成，连自己都有些犹豫了！

让下属写一份工作报告，星期四交给自己。到了星期四早上，下属睁着一双布满血丝的双眼，步履蹒跚地敲开你办公室的门，把昨晚他熬了一宿完成的工作报告放到你的办公桌上。作为领导的你，明知道完成这份报告不至于令他通宵达旦地干，可面对如此“勤奋”的下属，除了感谢地说一声“辛苦了”之外，难道还忍心打开报告仔细审阅一遍，然后说“你这写得根本不行”吗？

早上九点上班，员工倒是都按时到了。可紧接着他们就忙开了：有的给自己泡了一杯茶，坐下来跟身旁的同事聊起了路上的车况；有的吃着路上买的早点评头论足；有的打开电脑浏览起了当天的新闻……

本来九点就上班了，快九点半了才开始工作。作为领导，你能有什么办法？要是规定上班的时间内不许交谈、不许吃早点、不许浏览网页……你还是人吗？一点人性都没有！而且这样会让员工对你和公司产生抵触情绪，本来无心拖延也变成故意拖延了。那时，你总不至于像旧时候那样，雇个手拿皮鞭的监工吧！你只能是看到也装作没看到，听到也装作没听到，然后走出自己的办公室，跟大家打招呼：早上好，都在忙着呢！

没有人在工作也要说都在忙，这样大家才会去工作。要是推开门对着下属就一顿训斥，他们也会去忙、去工作，可就是不出成绩——你能怎么办！

潜能提示：管理要有度

管理从来就不是一件容易的事，太严厉或太松散都不行。最好的管理就是不严厉也不松散，似乎每个人都感觉不到管理的存在，但每个人都按部就班地做自己该做的事。

这似乎像是在说天方夜谭，其实只要拿捏好了一个“度”，也是可以有这种效果的。管理是要讲求度的，做人也要有度，任何事情都应该有度。因此，我们才默许有些拖延在我们眼皮子下发生。尽管我们并不喜欢这样的事发生。

其实我们默许，正是因为要去杜绝。只有默许才能想办法去扭转。若一上来就一副严厉杜绝的样子，情况反而可能会被弄得更复杂、更糟糕。所以，现在我们提倡做人要“以责人之心对己，以恕己之心待人”。说白了也就是“严于律己、宽以待人”，毕竟榜样的力量是无穷的。

把你对拖延的想法写下来

第五章

活在当下

生命是一件很偶然的事，所以佛家劝诫人要“活在当下”。既不沉溺过去，也不一味空想未来，而是把握现有的时间做自己该做的事。因为只有当下，也只有此时此刻，才是最真实，也最重要的。

活在当下

“时也，势也，命也。”什么是“时”？就是我们常说的时机。什么是“势”？就是环境。而这些是我们可以争取和营造的。所以说，命运最终还是掌握在我们自己的手里。

在伦敦，有两个年轻、漂亮的女孩，她们叫艾米和黛西。

艾米出生在一个背景非常好的家庭中。父亲是伦敦有名的律师，母亲是一所大学的教授。从小活泼可爱、善于言谈的艾米就想做一名优秀的节目主持人，而且她确实也有从事这方面工作的能力。每一个和她交往的人，都愿意和她交谈，说出自己的心里话。她也很有这份自信，时常对别人说：“只要给我一次上电视的机会，我一定能行。”

黛西的家庭条件远远不如艾米，父母都是伦敦极普通的工人，他们每天为生活奔波，根本顾不上她。即便这样，黛西的心中还是有一个梦想，那就是当一名优秀的节目主持人。

大学毕业以后，艾米一直等待着有人能给她提供一个上电视的机会。然而这个机会却一直没有等来。她开始变得焦急、苦闷、烦躁，她不断地企求上天能赐给她一个机会。

黛西没有上大学，在那段时间里，她迫于生活，不得不白天打工，晚上去读夜校。从夜校毕业以后，为了实现自己的梦想，她跑遍了伦敦的每一个广播电台和电视台。可是，得到的答案几乎都一样：“我们需要有主持工作经验的人。”

黛西向电视台的人员解释说："你们不让我工作，我怎么会有工作经验呢？"这样并没有得到任何一家电视台的认同。

然而黛西却没有因此放弃，这是她与艾米最大的不同。艾米一直在拖延中等待，最后梦想不但没有实现，还把自己的人生也毁了。而黛西却开始为了自己的理想而打拼。

她每天都仔细浏览有关广播、电视方面的各种杂志，还托人去打探各种可能的工作机会。终于有一天，她发现了一个让她兴奋不已的广告：英国北部的一个州有一家很小的电视台，正在招聘一名业余主持人。

黛西不喜欢那里的气候，可这时已经顾不了那么多，她急切地赶到那里。她想：不能错过这个机会，虽然业余主持人和节目主持人还有一些差距，上电视的机会很少，但总算有机会能上电视了。

黛西在那里工作的第二年，就因为出色的播报能力，被电视台提升到当地比较有名的一档娱乐节目做主持人，到了第三年的时候，她再次来到伦敦电视台应聘主持人时，轻而易举地得到了那个她向往已久的职位。

什么是命运？故事中的艾米或许也经常这样想，并埋怨命运为什么不肯给她一次机会，让她实现自己的理想！而黛西却不会这样想，因为她知道命运就在自己的手里，就在自己为其实现而不停地努力奋斗中。

命运就是选择，命运就在此时此刻。甚至可以说，你选择了行动，命运从此刻就掌握在了你的手里；你选择了拖延，也就在此刻决定了你的命运。

潜能提示：问题在于自己

生活中太多怀才不遇的人，也有太多人感慨自己怀才不遇。他们有没有才？我想是有的。可为什么不遇？大概只有他们自己清楚。

我们常借着命运说事儿。自己为何如此落魄，全是无常的命运作弄。其实命运比每一个抱怨它的人都冤，因为它一直都在那些人的手中。

习惯拖延的人是不自由的，因为他们的命运完全被拖延掌控了，而这本来是他们可以改变的。

不虚度光阴

年过四十的陈民，日子过得很不如意，整天酗酒度日。他也有过辉煌的时候。他曾是全省著名的民营企业家，企业年盈利在千万以上，无论走到哪里，都被人待之如上宾。而这一切的改变，都因为他经历的一件蹊跷事。

早年创业时，他走南闯北，吃尽了苦头。企业做起来了，挣了钱，他就想让生活过得优越一些，就在市边上买了一幢豪华的别墅。

一次，他下班回来，看到有一个人扛着一只木箱，从他的花园出去，装上一辆奇怪的卡车拉走。起初他并不在意，可是第二天、第三天……一样的情景每天都发生。一天，他想把那个人叫住，可还没来得及喊，那人就上了车，开动汽车走了。好奇心驱使他开车追了上去。

就见那辆卡车来到城郊的一个峡谷前，停了下来。紧接着那个人下车，把车上的箱子一个一个卸下扔进山谷。山谷里也堆满了箱子。

陈民走过去问："我每天见你从我家花园扛着箱子出来，能告诉我里面装着什么吗？"

"都是些没用的东西。"那人微笑着打量了下陈民，说"像这样的箱子，你家还有好多，你难道不知道？这里面装的都是你觉得没用的时间。"

"什么，时间？"

“对，你虚度的时间。”

“我虚度的时间？”

“没错！都是你白白浪费掉的时间。尽管你天天盼望着美好的时光，但当美好时光来到时，你却满脑子都在盘算生意，迎来送往，整日忙碌，除此之外又干了些什么呢？你瞧瞧这些箱子，它们个个都完美无瑕，都是你一直想要的美好时光，可这么多年你却从未在意过，现在……”

陈民满脸疑惑地随手打开第一个箱子，那里有是一条暮秋时节的小路，一直苦苦等着他的未婚妻正一个人走着，身后一地的落叶。

第二个箱子，里面是一间病房。他年迈的老母亲正躺在病床上，正等着他回来，想见他最后一面。

第三个箱子，是他之前住过的那所老房子，那条忠实的老狗正蜷缩在家门口，等着他回来，已经饿得骨瘦如柴了。

看着、看着，陈民的手颤抖了，再也看不下去了，泪流满面。而那个人像个审判官一样，一动不动地站在一旁。

“求求你，让我把这些箱子都赎回来，现在我有钱了，多大的代价我都愿意！”陈民紧紧抓着那人的手，不停地哀求。

那个人做了个不可能的手势，然后无能为力地耸了耸肩，意思是说：太晚了，我帮不了你，已经无法挽回！

陈民还想继续恳求那人，让他取回那些原本属于自己的箱子，而那个人和箱子却在一瞬间，一起消失了。陈民无力地瘫坐在地上，无比依恋地望着刚才堆满箱子的山谷。

在经历了那件奇怪的事之后，陈民再也无心工作了，他觉得赚再多的钱也换不回失去的美好时光。他变得一蹶不振，变得嗜酒如命，好像只有在酒精里才能找回他那些失去的美好时光！

潜能提示：左右为难，就走中间

有人说，人生就像是钟摆，不是向左摆，就是向右摆，而停留在中间的时候，往往只有那么一秒，这或许正是人生痛苦的原因。因为无论是向左，还是向右，都会形成拖延，都是一种对生命的损耗。而不左也不右，却并非是那么容易就能做到。

也正是因为如此，人往往从一个极端走向另一个极端。就像上面提到的陈民一样，似乎就是那么自然，那么顺理成章。

其实，人生很多时候，就是要在两难之间找出第三条可走的路来。纠结在两难之间是最痛苦的，而要在两难之中选择其一，无疑也是最不明智的。而且事实上，我们确实也有第三条路可走。

我国的传统文化很注重“道”这个概念。道生一、一生二——也就是阴阳。阴阳之间相互协调，才构成了多姿多彩的世界，所以我们比较重视“中庸之道”，也就是“二生三”中的“三”。

大凡有智慧的人，他们绝不会纠结在两难之中，因为人只活在此时此刻，经不起拖延；他们会在两难中找出第三条路，因为这会让他们避免走极端，也是最不拖延的。因为他们清楚，只有此时此刻才是最有价值的。

不浪费每一分种

本杰明·格雷厄姆是美国著名的教育家，也是经济学家，被人称作是“华尔街教父”。在他传奇的一生中，很多人因为受到他的点拨而获益匪浅。据说，在众多活跃在华尔街的投资管理人中，有数十位身价上亿的人都自称是格雷厄姆的信徒，“股神”巴菲特还是他的学生。

很多年轻人都喜欢向本杰明请教，对此他总是竭尽所能，从未有所不快。一天，他接到一个电话，也是一位年轻人打来的。在电话里，那位年轻人表现得很困惑，坦言不知为什么，他每天都处在焦虑当中，总觉得时间有限，可还是会无意中拖延。在电话中，年轻人还表示希望能够当面向他请教。

本杰明很爽快地答应了，和他约好了时间，并把自己的详细住址告诉了年轻人。

到了那天，年轻人按照本杰明给的地址，如约而至。可当他来到本杰明家的门口时，不由愣住了。只见本杰明家门大开，客厅里一片狼藉。

是不是走错了？年轻人心想。

就在这时，本杰明一脸歉意地迎了出来，对他说：“很对不起，请你在门外等一分钟。”

说完，本杰明就把门关上了，一脸茫然的年轻人只好站在门外。

一分钟很快过去了，门也打开了。本杰明邀请他进去。一走进客厅，年轻人又愣住了。刚才还狼藉一片的客厅，现在已是一尘不染，茶几上还摆着两杯刚刚倒满的红酒。

本杰明弯腰端起酒杯，递到年轻人手里，说："喝完了这杯酒，你就可以离开了。"

年轻人显得更迷茫了，满是疑惑地对本杰明说："我们，好像还没有开始谈呢。"

本杰明微笑着，环顾了一下四周，对年轻人说："可是你进来已有一分钟了！"

"一分钟？"年轻人恍然间若有所悟，激动地对本杰明说："非常感谢，就是这短短的一分钟，您让我懂得了一分钟对我有多重要，我可以用一分钟做多少事情。"

说完，年轻人举起杯一饮而尽，然后深深地与本杰明拥抱，兴奋地离去了。

不久之后，年轻人就从哈佛大学退学了，然后与人合伙组建了一家公司，开始为个人计算机开发软件。多年后，在谈起自己退学的原因时，他只说了一句话："时间不等人，我要把握机遇挑战自我。"

年轻人以他的远见卓识，以及争分夺秒的工作态度，很快就在计算机行业一炮而红。后来，他又与IBM公司成功合作。因为时间紧迫，任务又紧，他每天都要超负荷地工作，因为他非常清楚，只要付出精力，把握时间，抓住这次机会，就会把梦想变成现实。

有时，由于长时间工作，不能回家，他就打电话给妈妈，说："妈妈！我又有很长时间看不到您了！"

他常说，“世界是不公平的，你要学着去适应它”。然而最终，他的付出也为他带来了丰厚的回报，在《福布斯》排行榜上，他连续12年蝉联世界首富。

这位年轻人就是比尔·盖茨，他所创建的公司就是微软公司。

潜能提示：你就这一分

爱默生说：你若是爱永恒，就应当爱现在。昨日不能唤回，明天还不存在，你能确定把握的只有现在——只有此时此刻，只有此时此刻的这一分钟。

懒惰的人总是等待时间，或者更准确地说，他们是在等时间能给自己一个机会。可也就在这样的等待中，他们听任机会随着时间一起流走；抱怨的人总是埋怨时间，他们怪时间没给自己像别人一样的好运。他们不知道的是，好运气就在他们抱怨的这一分钟里，叹了口气，无奈地离开了。

我们常说这个世界是为那些有准备的人留着的。什么叫有准备？就是珍惜当前的每一分钟，不虚度、不拖延。无论你的人生有多长，都要一分钟一分钟地过。只要你抓住了当前的每一分钟，你也就掌握了自己的人生！

没有拖延，立即去做

马克·吐温不但是世界知名的作家，还被美国人看作是幽默大师，在演讲方面也有很高的造诣。2006年，美国的权威性期刊——《大西洋月刊》评出了影响美国的100位人物，马克·吐温名列第16位。

作为知名作家，马克·吐温经常会收到一些读者的来信，而他的很多回信，由于其间透露出的机智和幽默，历来成为人们的美谈。一次，一位初次学习写作的青年写信给马克·吐温，向他问了这样一个有趣的问题："听说鱼骨里含有丰富的磷质，而磷质对大脑又有滋补作用。如果想成为一个世界闻名的大作家，是不是要吃很多的鱼？不知这种说法是否符合实际？"

临了，这位初学者穷追不舍地问道："您是不是也吃了很多的鱼，不知您吃的是哪种鱼呢？"

马克·吐温的回信比这个问题更加有趣，他告诉那位初学者："依我看，你应该吃一条鲸鱼才可以！"

其实，想成为作家，跟吃多少鱼又能有什么关系呢！马克·吐温只是用自己的幽默告诉那位初学者：想要成功就一定要有辛勤的付出，天下没有免费的午餐，没有人可以不劳而获，也没有什么捷径可言。

每个人都渴望成功，但并非每个人都对成功都有着清醒的认识，尤其前些年有人宣称——“我的成功可以复制”之后，不少人更把成功当成了从生产线上出来的产品，只要掌握了一定的窍门，成功就变得轻而易举了。

后来，尘埃落定了，我们才发现，当初那个宣称成功可以复制的人，连他自己的成功也只是一个笑话。其实，一个人的成功，离不开自己的勤奋。试想一下，一个遇事拖延、不肯付出的人，他连自己的未来都不能掌握，又何谈拥有一个成功的未来呢？所以对于成功，我们可以这样来理解：把握现在的每时每刻，不虚度、不拖延，努力为实现自己的理想而奋斗！

有一位年轻人，从学校毕业后来到了美国西部。他有自己的理想，就是当一名新闻记者。可是人生地不熟，连一份工作都很难找到，想要实现自己的理想，谈何容易！慢慢地，年轻人陷入了苦恼和焦虑之中，他害怕自己就这样一天天老去了，而理想还只是理想！

就在这时，他想到了大作家马克·吐温。他想，也许马克·吐温可以帮自己出个好主意。于是，年轻人写了一封信给马克·吐温。在信中，年轻人把自己的苦恼和焦虑都宣泄了出来，并希望他可以帮自己的忙。

马克·吐温接到信后，马上回信给年轻人。信上说：“很可惜，我现在才收到你的信。如果你早一些写信给我，苦恼和焦虑早已离你而去了。你现在要做的，就是不要让拖延再继续下去，认真想一想，自己希望到哪家报社去，然后告诉我！”

年轻人接到马克·吐温的回信，看了之后十分高兴，马上写信告诉了马克·吐温自己想去的是哪家报社。

马克·吐温告诉他："现在，你就可以到这家报社去，告诉他们，自己不需要薪水，只是想找到一份工作，好让日子过得充实一些，并说明自己一定会在报社好好地干下去。一般情况下，报社是不会拒绝一个不要薪水的人。

"获得工作机会以后，你就努力去干，把采写的新闻拿给他们看，然后发表出来，你的名字和业绩就会慢慢被别人知道。如果你真的干得很出色，社会上就会有人来聘用你。那时，如果还想待在这家报社，你可以去找主管，对他说：'如果报社能够给我相同的报酬，那么我愿意留在这里。'对于报社来说，他们是不愿放弃一个有经验且熟悉单位业务的工作人员的。"

最后，马克·吐温在信中再次告诫年轻人说："无论遇到什么样的难事，不要拖延。与其苦恼、焦虑，还不如想办法去解决更实际！"

年轻人接到回信后，有些失望，他还以为马克·吐温会给他出一个多好的主意。他甚至都怀疑马克·吐温的办法到底行不行得通。但信里有一句话深深促动了他，使他认识到，自己确实不能这样拖下去了，因为苦恼和焦虑并不能帮他实现理想！

最后，他还是照着马克·吐温的办法做了。没过几个月，他果然就接到了别的报社寄来的聘任书。而这家报社知道后，竟然愿意出更高的薪水挽留他。

潜能提示：现在就想办法解决

人生中难免会遇到一些很棘手的问题，怎么办？一些人觉得既然问题现在难解决，倒不如拖一拖，或许会有更好的解决办法！是不是只要拖，就可以有更好的解决办法？我不知道。但问题越拖越复杂、越难以解决的例子我倒是遇到过不少。

我们经常会有这样的感受：一件事情长时间拖而未决，内心越来越焦虑不安，事情也越来越不知从何入手。这就是拖延的结果。我们每个人都只活在此时此刻的世界里，而未来却是个未知数。把此时此刻发生的事情，拖到未知的时间和地点去处理，显然是不明智的，无疑增加了太多的不确定性，无法掌控的因素也更多。

我们要做一个聪明人，而聪明人最懂得没有比此时此刻最合适处理事情的时机了。而拖延，往往只能是时过境迁，更不要说去处理事情了。所以，现在就想着去把问题处理掉，任何问题都是人制造出来的，因此也就没有人处理不了的问题。

领先五分钟

这是一个5分钟的世界。拿破仑在作战时，要求自己的部下必须抢先对手提前五分钟抢占制高点。他将此作为铁的纪律，只能提前，不能落后。现在社会的竞争有多激烈，相信大家比我有更深的认识。真正是早一步占尽先机，晚一步满盘皆输。

中国最大的电脑公司——联想集团的创始人柳传志先生在重大战略决策的考虑和制定上，总是能比别人大胆一点、快速一点，当机立断，体现着企业管理者决策的大智慧。

联想集团20年的发展历程中，在取得不可思议的成绩背后，可以说，柳传志的商业战略对于联想的发展起着举足轻重的作用。因为在商业策略方面，柳传志的思想总能比别人“快半拍”，这是联想集团较其他同类企业占有的优势之一。

在利用科研成果方面，他能够快速地把研究成果和市场对接，转化为生产力；为了联想的国际化发展战略，创造联想生存的最佳发展环境，在中国市场体制还不健全的时候，他以迅速的行动，率先在香港成立公司；香港联想上市后又使得柳传志比同行业的国内企业抢先一步，掌握了在资本上的主动权，远远拉大了和国内竞争对手的距离；当柳传志发现国有企业开始出现改制的苗头之后，他抢先搭上了改制的第一班车，完美地解决了产权问题；最后又在IBM急于出售个人电脑事业部的时候，借助收购完成“大联想”的布局。所以，柳传志在商业战略上比别人快半拍的战术运用得非常成功。

只争朝夕，总要比别人快半拍。对于微软、IBM、英特尔这些历史悠久、实力雄厚的大牌企业，柳传志说：“我们心里希望联想的发展是领跑的，最起码不要老落在这些企业的后面。”

2004年，“国际化”已成为中国商界最时髦的词汇之一。且不乏海尔、华为和TCL这样的大胆试水者，但联想的行动也是疾速超前的，收购IBM的大手笔还使其一跃登上过去20年来中国企业在海外破冰之旅的巅峰。此前，尚未有过一家中国企业吞下比自己更大、更加成熟的西方标志性企业的资产，这让中国企业在海外的扩张增添了更多的志气和豪气。

伴随这一大手笔而来的，是一家PC年销售量1400万台、年销售收入约130亿美元的全球第三大个人电脑企业——新联想的诞生，这足以让中国的IT企业扬眉吐气了。

柳传志因为总能比别人快半拍而抢得了事业发展的先机，经过20多年的发展后，联想正式成为一家拥有1.9万名员工、7大全球研发中心、4大PC生产基地、销售网络遍布160多个国家和地区的国际化企业。

在竞争中，我们确实没有太多的时间可供拖延。你提前了，就是个胜利者；落后了，就只好吞下失败的苦果。尤其是在现今这个社会，各行各业做的人都很多，你不去做，并不等于别人也不去做，留给你的或许只有5分钟。

已故的爱国人士、社会活动家霍英东先生在这方面堪称表率。在香港地产界，他就是一个比对手提前5分钟的人。1954年，霍英东认准香港人多地少，房地产业必定会有大的发展，于是果断地投资120万元买下一座大厦，开始他地产生意的生涯。正是靠着他抢先进入房地产业的优势，迅速地发了家，成为香港人尽皆知的商业大亨。霍英东转入地产业的时间比李嘉诚早4年，比包玉刚早1年。

俗话说“兵贵神速”，效率往往决定着事情的成败。因此，对于每一个旨在成功的人而言，拖延都是不允许的，也是必须要杜绝的人性弱点。因为这是一个5分钟的世界，你也只有5分钟能够领先别人。

潜能提示：珍惜每一分钟

金融大王摩根每天上午9点30分准时进入办公室，下午5点回家。有人对摩根的资本进行计算后说，他每分钟的收入是20美元，但摩根说不止这些。所以，除了与生意上有特别关系的人商谈外，他与人谈话绝不在五分钟以上。

通常，摩根总是在一间很大的办公室里，与许多员工一起工作，他不是一个人待在房间里工作。摩根会随时指挥他手下的员工，按照他的计划去行事。只要你走进他那间大办公室，就会见到他，如果你没有重要的事情，他是绝对不会欢迎你的。

摩根能够轻易地判断出一个人来接洽的到底是什么事。当你跟他说话时，一切转弯抹角的方法都会失去效力，他能够立刻判断出你的真实意图。这种卓越的判断力使摩根节省了许多宝贵的时间。有些人本来就没有什么重要事情需要接洽，只是想找个人来聊天，因此耗费了那些工作繁忙的人许多时间。摩根对这种人恨之入骨。

别外，摩根还有这样一段话："放弃时间的人，时间也同样放弃了他。"是啊，今天是短暂的，它只有24小时，或只有1440分钟，或只有86400秒。这当中，除了睡眠和吃饭，所剩下从事学习和工作的时间只是一个常数。你浪费一分钟，它就少一分钟；浪费一秒钟，它就少一秒钟。

亲鸾上人棒喝剃度

毛泽东主席在《满江红·和郭沫若同志》一诗中，这样感慨道：“多少事，从来急；天地转，光阴迫。一万年太久，只争朝夕”。

人生确实太短促了，而一个人要想让自己的人得有价值，要做的事情又那么多！所以，无论面对任何事情、任何问题，都不应该拖，而只能以“争朝夕”的态度去面对、去解决。因为我们只活在现在、只活在此时此刻。下一秒会是什么样，谁也无法预料！

有过在外企工作经验的人大概都有这样的体验：当新员工第一天入职，很多外企公司要求他们要学的第一个企业文化就是——“时间就是效率”。

一个在北美留学的中国学生，在自己的博客里这样写道：“在加拿大，从小朋友到退休的老人，几乎人手一本小册子，我管叫它“Schedule”（日程表）。这种小册子是按年发行的，每天一页，还兼具通信录和账簿等多种用途。我知道在中国，很多人也用这个，但更多的人还是用自己的大脑来安排工作，或是有什么要紧的事情就随手写在一张纸上而已。”

美国石油大亨洛克菲勒曾经对人自信地宣称：“假如现在剥夺我所有的财富，把我扔到阿拉伯的沙漠里。只要让我遇到一个赶着骆驼的商队，重回人类社会，几十年之后，我还会像现在这样富可敌国！”

那人觉得洛克菲勒是在说笑话，就调侃地问他凭什么敢这么肯定自己的命运。洛克菲勒用手指着自己的脑袋，一字一板地说：“因为我比任何人都更懂得——珍惜现在！”

在佛教界，有这样一个美谈，是有关日本最负盛名的禅师——亲鸾上人的。

说起来，这位亲鸾上人幼年时，是一个命苦的孩子，九岁的时候，父母就相继过世了。年幼的他哭得死去活来，但父母却并未因此活过来。于是，他开始思考一个问题：人为什么会死?

当时佛教在日本很流行，他就想：也许自己可以从佛学中找到答案。于是他决心出家，就去找慈镇禅师为他剃度。慈镇禅师看着这个只有9岁的孩子，很好奇，就问他：“你还这么小，怎么想到了出家呢?”

亲鸾回答说：“我不知道人为什么一定要死亡，为什么我一定非要与父母分离不可。为了探究这层道理，我决心出家。”

慈镇禅师听后点了点头，很赞许亲鸾的想法，觉得他悟性很高，就说：“好吧！既然你诚心向佛，我可以收你为徒。只是今天太晚了，等明日一早，你再来，我为你剃度！”

小小的亲鸾听了之后，只是站着却没有离开。慈镇禅师就问他还有什么事。他抬头看着禅师，说：“师父！虽然您说明天一早为我剃度，但我毕竟年幼无知，不能保证自己出家的决心是否可以持续到明天。何况师父您也年岁已高，您也不能保证明早起床时自己是否还活着。所以我想，您还是现在就给我剃度吧！”

慈镇禅师听了这话，拍手叫好，满心欢喜地端详着亲鸾，说：“不错！你说的完全没错。现在我马上就为你剃度！”

说罢，慈镇禅师即刻让身旁的小沙弥去准备，亲自为亲鸾剃度。

潜能提示：拖延的问题

我们每个人都是如此地痛恨拖延，却又总是在有意无意中拖延着。我们为拖延而焦虑不安，却又在焦虑不安中拖延。

“老板让写一份工作报告，自己心里也想着赶快把它完成，可不知为什么却总是一拖再拖。”

“每当手头的工作快完成了，却又开始担心是不是做得不够好？结果就在想着如何去改善的时间里，工作又被拖延了。”

“事情本来已经决定要做了，可每次总是免不了会犹豫，不知道怎么做才对。这样一来事情就被一拖再拖，到最后事情还没着手去做。”

我们知道，解决任何问题如果只就问题的本身去着手处理，这只是“头疼医头，脚疼医脚”的做法，不一定就会有效。这也是为什么我们并不想拖延，却仍旧还是在拖延的原因。为此，要想根除拖延，就很有必要去探究，到人的心理世界去探究。

其实，人的一切行为都是受其心理因素影响和支配的，每一种行为的背后，都有着深刻的心理根源。

你在等待什么

等待是一种变相的拖延，它让人一厢情愿地期待着某件美好事物的出现，浑然忘记了时间的流逝，结果错过了人生中最好的时机。人生中诸多如悔恨、迷茫、遗憾等等，大多也就是等待带来的后果。

某一年，一个小村庄连着下了20多天的大雨，山洪暴发，水已经漫过了一户人家的前厅。这户人家的主人是一位虔诚的天主教徒，对此他并不担心，相信上帝一定会搭救他的。

这时，邻居开着四轮卡车从他门前经过，好心地招呼他和自己一起逃到一个安全的地方。但是这个友好的提议被他断然拒绝了，他相信自己如此得相信上帝，上帝一定不会眼睁睁地让他淹死在水里。

水面越升越高，屋子里待不下去了，他不得不趟着水走出去，爬到了屋顶上。这时，一条小船驶过，上面坐着五六个逃难的人。船夫喊他赶快到船上来，然后把船一起划到一个安全的地方。他再次拒绝了船夫的好心，他仍旧固执地等待着上帝来救他。

水面还在不断上升，已经漫过了屋顶，眼看这位老兄就要一命呜呼。就在此时，一架直升飞机飞来，停在了他的头顶，并抛下了一根绳子，让他顺着绳子爬到飞机上来，结果还是被他断然拒绝了。他怎么也不肯伸手去抓住那根救命的绳索，万般无奈之下，飞机只好飞走了。

这是他最后一次得救的机会。当飞机越飞越远，洪水也越升越高，直至快要淹没了他的咽喉。就在死亡即将来临之际，他挣扎着，绝望地抬起头，对着上天呼喊道：“上帝呀，我如此忠诚地相信你会来拯救我，可是，你为什么没有来呢？”

这时，一个声音在天边响起：“你究竟想让我怎么做？我派去了一辆卡车、一条船，甚至一架直升飞机，可你总是拒绝我的好意，既然你自己选择去死，我有什么办法？”

《易经》里有句话，向来为我们中国人所遵循，就是“自天佑之，吉无不利”。意思是说，一个人只有自己先顺应上天的规律去做，行动起来，上天才会帮助你；什么都不做，上天想帮也帮不了你。就像故事里的那个人，卡车不坐、船也不坐、飞机也不坐，自己眼巴巴地在那儿等死，上帝又能怎么办？

无可否认，现在社会，每个人都想着成功，可若都像那个人一样，眼巴巴地在房顶上坐等成功的到来，期待着某个时刻、以某种方式、在某一天，自己一觉醒来便会梦想成真，这显然不可能得近乎荒谬。那些整天为了实现自己的梦想而孜孜不倦的人，都不一定能梦想成真，何况一味等待、遇事总喜欢拖延的人呢！

记得我大学刚毕业那年，正赶上了亚洲金融危机，找一份合适的工作很困难。我有一个同学，临近毕业了还是无动于衷，一门心思想着父母托关系把他的工作给安排了。当然，他也不是不希望自己能找到一份工作，可他总觉得这年头工作岗位极度稀缺，那些能找到工作的人都是上天的宠儿。他同样在等待，希望有一天好运也会降临到自己头上。可具体究竟应该找一份什么样的工作，他自己也没有主意。最后没办法，为了挣钱养活自己，他一整年都在帮人家卖衣服、送鲜花。

一位经常带孩子来买衣服的父亲对他十分友好，对他的为人很认可，于是鼓励他仔细分析一下自己，看看究竟最想做点什么。那位同学听从了他的建议，在随后的几天中，他开始检讨自己。最后，他发现自己还是最想成为一名职业经理人。

于是，他告诉了那位父亲他的志向。那位父亲鼓励他采取必要的行动，使梦想成真。随后，他走遍了山西所有的经济发达区，并努力使自己进入职业经理人的行业。终于，他在太原市停住了流浪的脚步，成为一家餐饮公司的经理助理。

“终于找到工作了，这机会挺难得的。”后来他坦率地说道，“不过更有意义的是，我知道了凡事不应该拖延，而要行动起来，努力去把它实现。”

陶渊明说“盛年不重来，一日难再晨。及时当勉励，岁月不待人”。细想一想，你曾有过多少想法，多少梦想，多少计划，最后却都被束之高阁？而这仅仅是因为你的拖延，仅仅是因为你习惯了等待，而没有去付诸行动。我们常说，人要主宰自己的命运。其实所谓主宰，无非是遇事不拖延，珍惜宝贵的时间，积极行动。

请记住，未来一切的美好生活也都是从现在开始的。朋友，你还在等什么呢？

潜能提示：赢在主动

调查报告显示，企业对某年高等教育扩招至今3年内所招的应届毕业生的工作表现“比较满意”的占了45.1%。其中“比较满意”在外资企业和国企表现得比较突出，分别为54.7%和50.5%。但“比较不满意”和“非常不满意”的比例之和由上一年的4.1%上升到10.6%。这些数据说明，大学生的工作表现与企业的期望之间还存在较大差距。在对待工作态度的问题上，用人单位和大学生的分歧较大。只有3.6%和0.7%的大学生认为自己缺乏吃苦耐劳精神和责任心，而用人单位认为大学生在这两方面素质比较缺乏的比例分别为8.9%和7.2%，而且分别排在第四和第五位。

一个外企部门主管这样评价部门两个新人：“其中一个名校毕业的新人透着一股聪明劲，夸夸其谈，开始比较吸引人的注意力，我就有意让她锻炼一下。结果一段时间下来，发现此人不踏实，一碰到繁琐的事就往后躲。最大的毛病是懒，能写50个字决不写51个，因此很快就被淘汰了；而另外一个非名校毕业的新人，看起来不是非常聪明，但后来发现她很勤奋，很快适应了环境，结果在我们那里发展得很好。”

所以，面对激烈的竞争，一定要勤快、踏实、主动。成功是要付出代价的。一定要先积极主动地投入工作，多学些技能和本领，这样持续不断地努力几年以后，才能达成真正有价值的目标，才能在激烈的竞争中站稳脚跟，赢得更好发展。

写下你的拖延心理

第六章

拒绝拖延

“把握住现在的瞬间，从现在开始做起。只有勇敢的人身上才会附有天才、能力和魅力。因此，只要做下去就好，在做的过程当中，你的心态就会越来越成熟。能够有开始的话，那么，不久之后你着手的工作就可以顺利完成了。”如果你没有从现在开始很好地选择行动，那么你的生活就会暗然无光。

拖延没有借口

拖延与借口是孪生姐妹，往往越拖延借口越多，越找借口越拖延。细心观察一下周围，你就会发现这一点。那些经常找借口的人，做起事来必然也是拖拖拉拉的。而且似乎在做事之前，他们就已经想好了借口。

李维在一家奶制品公司的销售部门工作。这是一家新公司，要想在市场上站住脚并生存下去，就得尽快打开销路。因此他的任务也很明确，公司规定每个月他必须要发展5个新客户。

工作的压力确实非常大。可就是在这样大的工作压力面前，李维表现却并不积极，工作起来也没什么干劲儿。当别的销售代理都在绞尽脑汁想办法怎样打开市场时，他却一个人坐在自己的位置上昏昏欲睡。

到了月末，经理对他说："把这个月销售情况和发展新客户的情况报表让我看一下。"

翻开李维递过来的报表，经理很意外，问："其他销售代表大多都完成了发展5个新客户的任务，你怎么只有两个？"

对此，李维脱口而出："我联系了很多客户，有的客户已经谈妥，却出尔反尔，结果只发展了这两家新的客户。"

经理有些不满地看了他一眼，丢下一句"下个月必须完成任务"，就走开了。

第二个月，李维依旧没能完成任务；第三个月，公司让他卷铺盖走人了。

其实，李维不一定就完不成公司的任务，只是在接到任务的时候，他就认为：现在的奶制品行业想要达到那些品牌厂家的销售量，根本就是不可能的。很多消费者都会选择固定的品牌消费，想要发展新的客户，难度太大。

事实上，李维确实也联系了不少客户，只是他办事拖拉，不能有效地跟进做宣传，从而使这些客户大多都跑掉了。

这是一个到处充斥着借口的世界。各种各样的借口，你总是很轻易就能听到。该做的事没做——一定是“我被其他一些难缠的事情耽搁了”；约会迟到了——一定是“我早就往这赶了，只是路上塞车”；答应别人的事没用心——一定是“因为我这段时间太累，所以……”

我们似乎也习惯了这样的借口，而且时不时的我们也会用类似的借口去搪塞别人。我们忘了，这些借口背后隐藏着的，其实就是我们行为上的拖延。其实拖延不仅是惰性的一种表现，很大程度也是因为有借口在背后撑腰。若没有这些借口，拖延或许就不会发生。

刘明是一家大型投资公司的部门经理，每天都忙得焦头烂额，可事情却总也处理不完。一段时间下来，他感到压力重重，却没有成效，整个人就像快要崩溃了一样。

一天，他发现自己的顶头上司王经理似乎还没有他忙，总是一副非常从容的样子。这令他很费解。按理说，王经理应该比自己更忙才对，因为他每天要做的工作，比自己多多了，这一点刘明很清楚。

于是，找了个合适的机会，刘明敲开了王经理办公室的门。当时，王经理正好在接听一个电话。他点点头，示意刘明坐在沙发上等候。从王经理的只言片语，刘明听出这个电话应该是他的一个下属打过来请教问题的，王经理很快就对问题做出了答复。正要放下电话时，另一部电话铃声响起，王经理拿起电话，又是一个询问的电话，经理问清楚事情原委后，稍微停顿了几秒钟，思考之后立即做出了答复。

忙完了，王经理向刘明表示了刚才没有打招呼的歉意。然后问："小刘，你有什么事情么？"

刘明笑了一下，说："王经理，刚才您的行动已经帮我解决了问题，我想我现在已经没什么问题了。"

王经理也没有追问事情的原委，只是说了句"那就好"，接着去处理其他问题了。

原来，刘明每天也会接到很多下属打来的询问电话，也要处理很多下属的请示。而他在面对这些问题时，采取的态度就是拖延。他的确很忙，但是"忙"成了他拖延解决问题的借口。短短几分钟，他看到王经理办公的习惯和自己截然相反，他只要碰到事情一定不会因为手里的事情多而拖延，总是尽量解决问题，这样不但问题得到了解决，办事的效率也会更高效。

潜能提示：不找借口的两项原则

很多事实告诉我们，一些隐性和显性的借口，最能够诱发人们的拖延。因此，拒绝了借口，也就等于杜绝了拖延。那么，如何才能拒绝借口呢?

1.遇到问题不要先想问题有多难，而是先想如何把问题解决掉。其实，所有问题都是人制造出来的，没有了人，什么问题都不会有。既然问题是因人而产生的，也就没有人解决不了的问题。一心想着去解决问题，就不会找借口。

2.担起自己的责任。之所以会找借口，就是因为缺乏责任心。“事不关己，高高挂起”。可现在一些人，即便事关己，也要把责任想方设法推给别人，然后再把自己“高高挂起”。这其实无异于掩耳盗铃，最终因拖延而付出代价最多的还是自己。

行动致富

丹尼是一位年轻的犹太人企业家，可是他的致富行动却将许多同辈人远远地抛在了身后。

丹尼17岁就考进了大学，同时也意味着他要离开这片他出生的地方以及家人，单独住进学校的宿舍里。由于才换了新环境，接触的都是刚认识不久的同学。丹尼不由自主地产生了一种寂寞和思亲之情。他想家，想亲人，更想家中母亲做的蛋糕。

有一天，丹尼给家中写信，谈到他到学校后的感触，并特别提到："妈，这里的蛋糕跟家里的不同。"

丹尼的信，只不过是想抒发一下心中的情感罢了。他没有想到，几天后，自己竟收到了母亲用特快邮递寄来的包裹。他拆开一看，包裹内竟然是一片小小的蛋糕，并附有一张母亲所写的字条。上面写着："丹尼，请继续把你的思家感想和需要写在信中寄回来。你想我们，我们也一样在想着你，所以只能用书信来解决这种思亲之情了。"

母亲寄来的东西令丹尼很高兴，因而在更加努力地学习和做功课之外，丹尼便想到，如果其他在校的同学，都能够像他一样得到安慰就好了。

如果说丹尼仅止于想法而未采取行动，那么一切将是另一番景象。但丹尼的确是一个果敢而智慧的行动者，他想到就立即付诸行动，尽管他做梦也未曾想过这是自己事业的开端。

首先令他大感意外的是，他发出去的信，竟然有大部分的回信，请他把蛋糕送给自己在外的子女的人相当多。

这件事，丹尼办起来并不困难，因为他的心情、想法、期望，甚而是气馁、欢乐、失望等，都有着与同学们同样的感受，可以说是大学生们的缩影。因此，他在发信时，只需如实写下自己的感受，就可让其他父母在读到他的信时，比看一些关于大学生的心理与生活方面的报道更觉得亲切。

于是，丹尼兴致勃勃地把这项工作当作一件正经事来办。学生的父母，即“客户”们也乐于让他赚这点钱，因为金额总数不多，而且送到自己子女手上还有不能以价值来计算的亲情。

丹尼的这门生意越做越红火了。他也从行动的过程中逐渐摸索到了生意的门道，学到了不少大学课程中没有的“实践知识”。

一段时间之后，丹尼有了一定的收入，他意识到需要增加人手去帮助他发展业务。

随着时间的推移，丹尼需要开工资的人手也越来越多，而且业务量也越来越大，于是丹尼开始往其他的学校进军了。

就这样，直到丹尼大学毕业那年，美国百分之二十的大学都成了他的业务据点。而那时，他已经身家百万了。

潜能提示：你是哪种人？

释迦牟尼曾说了这样一段禅喻：世界上有四种马，第一种马是看到主人的鞭子就立刻飞奔起来的骏马；第二种马是看到了别的马被鞭打，就立刻快步奔跑的良马；第三种是要等到自己受了鞭笞才开始跑的凡马；第四种是非要受到严厉的鞭打才开始走的驽马。

同样，世界上也有四种人；第一种人远远地看到别人陷入老病死的痛苦中就立刻心生警惕；第二种人是要等到老病死离自己不远时才会心生警惕；第三种人必须是自己的近亲陷入老病死的痛苦才知道警惕；第四种人是非要自己亲身感到了老病死的痛苦才知道悔不当初。

奥格·曼狄诺把这个禅喻又进一步发挥了一下。他说遇到问题时，世界上有这样四种人：第一种人是今天立即解决的人；第二种人是等待明天解决的人；第三种人是一味发愁今天明天都难以解决的人；第四种人是看着问题已造成恶果再也难以解决的人。

你是哪种人？或者说你愿意做哪种人？人生中很多美好之所以会凋谢，往往就是因为习惯性的拖延。诚如伟大的心理学家与哲学家威廉·詹姆士所说：播下一个行动，你将收获一种习惯；播下一种习惯，你将收获一种性格；播下一种性格，你就收获一种命运。

心无旁贷地做事

毋庸置疑，做一件事最有效也最快捷的方法，就是心无旁贷。道理每个人都懂，可要真正做到却并非是那么容易的事。我们总是很容易就被别的什么因素打断了，结果造成了行为上的拖延。不知你是否有过这样的体验：

打开电脑，本来打算处理一些紧急的文件，结果却不停地浏览网页直到半夜；

吃过晚饭，正准备坐下来好好修改一下明天要交的企划方案，这时一个朋友打来电话约你出去，再回到家已经烂醉如泥；

事情堆积如山，急等着你去处理，看着外面明媚的阳光，你想：去街上逛逛，看看漂亮的姑娘，其实也不错。

很多时候就是这样，不是我们有意要拖延，而是总有这样或那样的事物转移了我们的注意力，结果造成了拖延。尽管我们从内心并不想拖延，还经常为此而焦虑不安，可拖延的情况仍旧时常发生。我们究竟该怎么办?

古希腊的时候，人们都喜欢通过辩论来实现自己的主张，不管是在法庭上、广场中、还是在公民大会上。另外，听众们的要求很高，演说者若出现用词不恰当或难看的手势和动作，都会引来讥讽和嘲笑，更不要说实现自己的主张了。

有一个叫德摩斯梯尼的青年人，他的父亲是一个有钱人，可在他七岁的时候就去世了，留给他的财产也被监护人侵吞了。长大后，为了要回父亲留给他的财产，他决心要成为一名出色的演说家。

可他的这一愿望，看起来似乎是不可能实现的。在当时的希腊，对演说家是有严格要求的——声音必须洪亮，发音要清晰，演讲时姿势还要优美，富有辩才。可他幼年曾患有严重的口吃，时常遭到伙伴的讥笑。说话时嗓音微弱，还有耸肩的坏习惯。

因此，在他刚开始学习演说时，屡屡遭到听众的哄笑和讥讽。但这样的打击并没有击垮他，他有着坚定的自信心和顽强的意志力。为了提高自己的演说水平，他常常躲在一个阴暗的地下室练习口才。

可毕竟是年轻人，奈不住寂寞。眼见其他人在街道上欢歌笑语，他始终静不下心来，总想着去外面晒晒太阳、瞅瞅街道上那些漂亮姑娘。结果可想而知，练习的效果很差。

无奈之下，他横下决心，挥动剪刀把自己的头发剪去一半，变成了一个怪模怪样的“阴阳头”。当时的人们很注重仪表，这样一来，因为头发难看，羞于见人，彻底打消了他出去玩的念头，开始静下心来练习自己的演讲技巧。为了改变自己的发音，他在地下室里装了一面大镜子，还把小石子含在嘴里，每天起早贪黑地对着镜子练习；为了锻炼自己的肺活量，他跑到偏远的地方，一边在陡峭的山路上攀登，一边不停地吟诗；为了改掉自己说话耸肩的坏习惯，他还在左右肩上各悬挂了一柄剑。

兵书上说“置之死地而后生，陷之绝境而后存”，其实生活中也是这样，你若不想一辈子一无所成，想要做出点成绩，就必须先要学会舍弃。志在千里者绝不会贪羡百里之内的风光，所以才能看到更美的风光。德摩斯梯尼的成功就很好地说明了这一点。正是因为他摒弃了外界的诱惑，才最终使自己的演说水平突飞猛进。

德摩斯梯尼与监护人的财产纠纷持续了5年。在这5年里，经过5次精彩的演说，他不但最后胜诉，还成为著名的律师和演说家，更成为古雅典政坛上的活跃人物。他的政治演说为他建立了不朽的声誉，他的演说词结集出版，成为古代雄辩术的典范，打动了千千万万读者的心。

值得一提的是，与德摩斯梯尼的做法有着异曲同工之妙的是法国大文豪雨果。1830年，雨果同一个出版商签订了一份书稿合同，根据合同，他必须在半年内交出一部作品。

为了确保自己能把全部的精力放在写作上，雨果把除了身上所穿毛衣以外的其他衣物全部锁进了柜子里，然后把钥匙丢进了小湖。这样一来，由于根本拿不到外出要穿的衣服，他彻底断了外出会友和游玩的念头，一头钻进小说创作里，除了吃饭与睡觉，从不离开书桌，结果作品提前两周交稿。而这部仅用五个月时间完成的作品，就是后来闻名于世的文学巨著《巴黎圣母院》。

潜能提示：克服拖延分步走

第一步：做事之前先静心。心静，则百念不生。僧人把专研佛法叫“坐禅”。“禅”就是佛法的玄妙，“坐”其实就是为了让心静下来。心一静，自然就能体会到佛法的玄妙。

第二步：适合做事的环境。人是生活在一种环境之中的。真正能做到身处闹市，还不受影响的人很少。这也就像僧人在坐禅时总要找一间静室一样。

第三步：以自制对抗拖延。中国儒家文化很看重“格物”，这一个“格”字就把人跟物分开了，因为人能控制自己。拖延与自制是此消彼长的，一个自制力很强的人，拖延就不会发生。

在当时的历史背景下，苏秦提出合纵之术可以说正迎合了各国国君的心理。单个任何一个国家，都不是秦国的对手，可是又不甘心就这么眼睁睁地看着国家灭亡。怎么办？只有联合起来一起对付秦国这一条路。

苏秦在其他五国的游说很成功，得到了热烈的欢迎和拥护。一时之间，苏秦一人身佩六个国家的相印，被推举为“纵约长”，去哪个国家，国君都以礼相待，不敢有丝毫的怠慢。他带领着六国的军队陈兵在函谷关外，这相当于打到了秦国的家门口。可强大的秦国，平日里欺负完了这个国家，欺负那个国家，现在却缩在函谷关里，一兵一卒都不敢出来！也正是由于苏秦一个人的能力，使得秦国统一六国的时间整整推后了二十多年！

潜能提示：善于控制时间

我国著名的数学家华罗庚说：“时间是由分秒积成的，善于利用零星时间的人，才会做出更大的成绩来。”所以我们要记住，在一天里能用来读书思考的时间多得很。充分利用这些时间，你就会发现，正如下面例子所说的小刘一样。

小刘每天早晨与朋友一起上班，他的动作总是比朋友快，每天他都要在车里等朋友十多分钟。小刘是一个珍惜时间的人，当他发现每天都有这样一段时间可以利用时，他就放了一本英语书在车上，每天看几个单词，学几页英语。小刘的做法，在一段时间内，虽然看不出有多大收获，可是随着时间的推移，他的收获越来越明显。后来，小刘和朋友一起去参加英语考试，那时候他才发现，原来每天十分钟的英语学习积累所带来的成效是巨大的。

所以，我们要学会合理地利用时间、珍惜时间，我们不要浪费生命中的任何一分钟，只有努力提高时间的利用率，才能提高我们的生活质量。

每个人都有时间

一位先生陪太太去某个大商场买皮衣，那层楼所有的柜台上都摆放着各种各样、琳琅满目的皮衣，两个人转来转去，眼睛都有些花了，最后还是有几件入眼的。可是确定要买的时候，又总觉得这件样式虽好，颜色却不好看；那件颜色漂亮，价格又有些贵了点；换一件颜色、式样、价格都适合的，穿在身上又觉得不是很合身……就这样，两个人在商场里整整转了一个上午，连一件皮衣都没有买上。最后太太决定暂时不买了，等过一段时间再说。

这件事让这位先生大受启发，后来太太再要他陪着去买皮衣时，他就建议去某某专卖店。那家专卖店不是很大，但货色却比较精致，更为关键的是：品种有限。结果不到一小时，太太就看中了一件，立即买了下来。

很多时候，不是我们没得选择，而是可供选择的太多了。同样的道理，工作中的我们总觉得时间不够用，以至于完不成工作。其实不是这样的，恰恰相反，就是因为我们的时间太充裕了，以至于让它白白流走。

古希腊的哲学家说过：人不可能同时踏入同一条河流。因为流水在不断地流逝，时间就如同这流水一样，没有一刻是可以重复的。时间也是计算生命的单位，一个人一生所拥有的时间就是他生命的长度。时间和生命就这样紧密地联系在了一起，浪费时间就等于浪费自己的生命。

在商品经济高度发展的今天，时间也是计算金钱的单位，要得到别人规定时间的劳动就要付出一定的金钱代价。时间成为衡量劳动的一个重要标准，而我们必须为劳动付出代价。这样，你付出了不同时间的劳动就能得到不同的报酬。因此，在工作中浪费时间，也就是等于在浪费金钱。

其实时间本身并没有价值，它的价值本身在于每个平等的时间里创造出不平等的价值，所以不同人的时间也就有了不同的价值。其中的区别在于同样的时间是如何被合理、有效地利用。

如果不珍惜时间，这不仅仅是丢失金钱和生命的问题，它还让我们人生的质量大大下降。敷衍拖沓、整天无所事事，把原本早应该做完的事情一拖再拖，而这样只会让事情越积越多。这样会给人带来很大的压力，久而久之会产生厌烦、懈怠的工作情绪，形成一种恶性循环。拖延并不能节省时间，反而因为在焦虑和压力中消耗了精力，工作效率低下，白白浪费了宝贵的时间。

一位名叫富兰克林·菲德尔的人曾经精辟地指出："成功和失败的分水岭可以用这么五个字来表达——我没有时间。"成功者都是善于运用时间的高手，他们懂得时间的巨大魔力，这能让他们取得更大的成功。

在当今这个生活节奏紧张的年代里，人们似乎每天都没有充裕的时间去做完想做的事情，所以很多念头都被打消了。但世界上仍然有很多人保持着珍惜时间的好习惯，坚持每天至少挤出一小时来提高自己，那怕只有一个小时。不要轻视这一小时，许多人之所以成就了自己的卓越，就是因为每天多用了一个小时的工夫。

休格·布莱克进入美国议会前，并没有受过高等教育，但他每天都抽出一小时浏览群书，包括政治、历史、哲学、诗歌等方面的书。数年如一日，就是在议会工作最忙的日子里也从未间断。后来他成为美国最高法院的法官，这时的他已经是最高法院中知识最为渊博的人士之一。他的博学让美国人受益匪浅。

一位叫威尔德的美国人，已经五十多岁了，他前半生奋斗了三十年，成为世界织布界的巨头之一。尽管生意上非常繁忙，他仍然坚持自己的爱好：每天花一个小时的时间去画画。因为实在有太多的事情需要他去处理，为了保证一个小时的时间不受干扰，唯一的办法就是牺牲睡眠时间。他每天5点前就起床，一直画到吃早饭。他乐此不疲，把顶楼改成了画室，几年来从不放过早上的一小时。后来他的油画在画展上出现了，还举办了多次个人画展。他的作品得到了大家的肯定，其中几幅画被人以高价买走。他用卖画所得的收入设立了奖学金，用来鼓励那些从事艺术创作的优秀学生。

有一位普通的电梯维修工，在他40岁的时候对物理学产生了浓厚的兴趣。每天下班以后到吃完饭前，他总要花一小时的时间攻读物理学方面的书籍。随着对物理学的不断研究，在1948年，他提出了建立一种新型粒子加速器计划。这种新型的加速器比当时其他类型的加速器造价便宜还强而有力。他把计划递交给美国原子能委员会做实验，又经过改进，这台加速器为美国节省了7000万美元。电梯维修工因此得到了10万美元的奖励，这比他10年的工资还要多，接着他还被聘请到加州大学放射实验室工作。

其实时间就像海绵里的水，只要挤，总是会有的，只是需要决心和恒心。更为关键的还在于如何设法得到这一小时，并能有效地利用它。不要小看这一小时的作用，如果能持之以恒，它将给我们带来巨大的成就。

虽然每个人的时间是非常有限的，但是通过合理的安排总会得到更多的时间。用这些节省出来的时间去做自己想做的事，那应该是非常令人愉快的事情。我们可以不计较付出这些时间得来的报酬，但是只要我们能持之以恒，总会有很多我们意想不到的收获。

潜能提示：时间从点滴中来

摩根有这样一段话："放弃时间的人，时间也同样放弃了他。"是啊，今天是短暂的，它只有24小时；或只有1440分钟；或只有86400秒。这当中，除了睡眠和吃饭，所剩下从事学习和工作的时间只是一个常数，你浪费一分钟，它就少一分钟；浪费一秒钟，它就少一秒钟。

如果在我们的工作中，我们能够把每一分钟都当成最后一分钟，那么我们就会更加珍惜每一分钟，我们的成功就会加快步伐。

一分钟可以有这些作用：一分钟可以用来鼓励一个人或使之气馁；一分钟足以让人重新选择生活；一分钟有时似乎无足轻重，但当我们向一位永远离去的朋友致敬时就会重视这一分钟；上班是否迟到取决这一分钟时，我们就会珍惜这一分钟；我们也希望时间能多送一

活重心的东西不见了，这令他不知所措。但乔布斯很快就摆脱了这种迷茫，他发现，他还钟爱着他曾做过的事情，被苹果“炒鱿鱼”的事件丝毫没有改变他的兴趣。他虽被否定了，但他还是爱做那些事情，所以他决定从头做起。

此时，乔布斯又对动画制作产生兴趣，于是他又开始了行动。在接下来的5年时间里，乔布斯先后开了NEXT、Pixar两家公司，Pixar成为世界上最成功的动画制作公司。然后，苹果电脑买下了NEXT，乔布斯回到了苹果，NEXT发展的技术也成了苹果电脑后来的技术核心。现在苹果电脑又创出音乐产业的革命性产品Ipod。一次的信心加三次的行动奠定了乔布斯成功的基础。

有好的想法，还要敢于行动，才有成功的可能，如果只是一味空想，只能一事无成。乔布斯的例子就说明了这个道理，所以从现在开始，你要把你的思想付诸行动，只有行动了，你才能去改变那些影响你整个生活的观点，进而真正地掌握你的生活。要始终相信自己可以实现自己的梦想，这样就一定可以成为自己想要做的人，赶紧付诸行动。

我们无论做什么事，都要懂得行动高于一切才能成功，这是我们人生理念中非常重要的一条。只有立刻行动，才能把我们的思想转变成现实，毕竟成功与不成功的差别源于一些小小的行动。

为什么罗文能够成功？因为他不仅敢于行动，而且敢于立即行动。《致加西亚的信》中送信的罗文只是一个普通的士兵，然而他在当时艰难的环境中创造了奇迹，以行动创造了奇迹。因为这份情报太重要了，于是他急于找到一个人，这个人能够把信送到加细亚将军的手中。后来，在军事情报局长阿瑟·瓦格纳上校的推荐下，选择了一个叫罗文的人把信送到加细亚。

“派他去！”麦金莱总统下命令道。

大约一个小时之后，正值中午，瓦格纳上校过来通知罗文一点钟的时候去陆海军俱乐部和他一起共午餐。

他告诉罗文：他被选派去送信给加西亚，并负责从他那里获得一些情报，他必须努力完成这件事。

罗文在接到信之后，没有犹豫。第二天午夜就乘火车离开华盛顿，他不再顾忌那个星期五不宜出门的古老迷信，为了完成使命，他必须立即行动，绝不拖延。

如果你正苦于惰性不能克服，那么，从身边碰见的任何一件小事开始行动，就能改变现在所处的境况。只要能够把现在所抱的想法付诸行动，就能改变未来的生活，使之更加顺利。

一旦我们养成行动的习惯，我们就开始叩响成功的大门了。我们一旦把这种好的想法付诸行动，我们就已经开始在走向成功了。

《圣经》上有这样一段话：“凡听了我这些话而实行的，就好像一个聪明人，把自己的房屋建在盘石上：雨淋、水冲、风吹、袭击那座房屋，它并不坍塌，因为基础是建在盘石上；凡听了我这些话而不实行的，就好像一个愚昧人，把自己的房屋建在沙土上：雨淋、水冲、风吹、袭击那座房屋，它就坍塌了，且坍塌得很惨。”

潜能提示：立即行动

“没有任何时刻像现在这样重要。”爱尔兰女作家玛丽·埃奇沃斯说，“不仅如此，没有现在这一刻，任何时间都不会存在。没有任何一种力量或能量不是在现在这一刻发挥着作用。如果一个人没有趁着热情高昂的时候采取果断的行动，以后他就再也没有实现这些愿望的可能了。所有的希望都会消磨，都会淹没在日常生活的琐碎忙碌中，或者会在懒散沉默中流逝。”

“让自己行动起来”可以影响你生活中的每一部分，它可以帮助你去做该做而不喜欢做的事；在遭遇令人厌烦的指责时，它可以教你不推脱不延误。但是这一刹那一旦错过，很可能就永远不会再碰到。请你牢记这句话：“让自己行动起来，成功就属于你！”

写下克服拖延的想法

第七章

保持高效率

效率是职场竞争中的关键一环。在工作中谁掌握了效率，谁就提前得到了快速提升的法宝。有些人一直在忙碌，但就是不见成效。那么他就有必要反思自己的工作方式，重新为自己找一条合适的途径，以实现事半功倍的工作效果。

保持高效率

工作效率是每一个职场中人的追求，没有谁愿意将自己的时间浪费在一件事情上。为此哈佛大学教授米契尔·柯达博士总结了保持高效率的六大法则：

（1）培养动力

成功的第一条法则是具备动力。在考虑如何成功之前，你必须先具备做一件事的动力，它是一股积极向上的力量，是一种朝正确方向去做事情的盼望，是积极完成既定工作目标的动力。有些人从小就有这种动力，他们一心一意地去做他们所做的每一件事，所以，他们必然会成功；另一些人只是在他们愿意或不得不去做的时候，才会尽力，这时他们身上的动力往往不足以对付一条艰难的上坡路。所以，大多数时候失败也就成了必然。

（2）控制惰性

很多人之所以失败，是因为懒惰。如果让这种惰性发展下去，它将会产生一种永久的惯性。克服的办法是改变它，让消极转化为积极。

也就是说一开始你就要控制惰性，等这种控制成为习惯时，你马上就会发现这股控制力根本是用之不竭的。记住，着手做某件事情后，就去完成它。精力在成功之中更新，而在事情的拖延之中衰败。如果在每天早晨就开始犹豫不决，那么，一整天你都会继续这种状态，之前那股活力就会逐渐消退了。

（3）顺其自然

许多人是把自己锁在与自己的日常习惯和行为相反的生活模式中来度日的，再没有比这更具有破坏力了。假如你不是一个早起的人，就不要硬把重要的工作计划安排在上午完成。如果你喜欢早睡早起，那就不如试着一大早便去做最困难的工作。

假使你想增加自己日常工作的完成量，那就得设计一个切实可行，而且行之有效的计划。但它必须是富有弹性、灵活可变的，以便让你能不时地改变工作速度。当然，你可能会不得不一次又一次地妥协，但请记住，与自己的意愿作斗争所消耗的精力越多，用于你工作中的则越少。因此，不如让自己在精神与身体都能密切合作的情况下工作，免得某一方不愿配合，让你延误了工作进度。

（4）抵制厌倦

厌倦对一个人工作效率的损伤是无法估计的。假如你陷入了烦躁之中，不妨按下列方法做个尝试：

和自己打赌，在一天结束之前，你能完成必须完成的工作，并记得在完成时给自己一些奖励；

每天为自己定下一个主要目标。无论放弃其他什么事情，都要达到这个目标；

在一星期中以某一天为忙碌日，将大部分琐碎和恼人的事都安排在那天；

不要把每天当作时间的延续，那样会将没完成的工作延续到下一天。

有成就的人在计划他们的生命时，是着眼于每一天的成就，让每一天都有收获，这种紧迫感自然会导致全神贯注地工作。因此要学会把每一天视为一个重要且独立的时间单位，并用今天你所完成的工作来评价自己的表现，就会减少对待工作的厌恶感。

（5）记住你需要记住的

如果你想成功，就不能健忘。然而，用脑袋去记忆那些很容易写下来的东西，简直是在浪费记忆力。不如输入到自己的个人计算机或PDA里，许多商务人士都用这些科技产品来解决他们业务上的琐碎事情。

帮助记忆的另一个方法是去注意你要记忆的东西。如果说有成就的人具有非凡的记忆力，那是因为他们完全投入到所做的事情当中。对他们来说，记忆那些与他们兴趣相关的事实、数字和名字完全不成问题。但你首先必须找到哪些资料对你是重要的，进而作出优先的选择。

（6）善于幻想

许多有成就的人承认，他们常常幻想，这些幻想刺激他们向着既定的目标前进。因此，想要做的事情越多，自然能够做的也就越多。这些幻想并非只是空想，而是计划未实行前的初步构想，他们时常思考，时常让脑袋里的新鲜点子出来透气。

潜能提示：先做最重要的

发挥动力的最佳方法应该是：把你一天的时间分割成若干小部分，先把这项完成，然后再继续做下一项。这样会帮助你加快速度，并且不断享受完成任务的轻松感。

多年前，米契尔教授也曾经总是在焦躁和恼怒的情绪中开始每天的工作。来到办公室，桌子上已是一片信海，电话铃在响、人们排着队等待会见。等到11点钟，他已被搞得过度紧张、筋疲力尽了，拼命工作了两个小时，却一件事也没做成。最后他决定，在每天一开始就尝试先完成重要的事，不管它是多么琐碎。他决定先利用第一个小时回复信件，不接电话，也不见任何人。他把这些来信视为工作的一个独立部分，重要且只能在有限的时间内做好。当他读完信，并做了回复，他便会如释重负般地呼出一口气，再继续接电话或进行会谈等工作。

养成良好的工作习惯

为了在工作和私人生活之间保持一种健康的平衡，我们要学会在工作时保持高效，从而得以在合理的时间离开办公桌。如果做不到这点，就会精力不济、创造力低下，最终危及健康。

用以下10种方法，你可以认清每天必须完成的工作并找到完成任务的策略。

（1）每天都以计划开始

每个工作日的头15分钟用于写下任务清单。写出清单后，你就会清楚地知道，哪些工作是今天必须完成的，哪些工作是今后几天内完成的，哪些是长远的目标。这样你就会精确地找到需要优先处理的问题，从而避免被那些不重要的事情分散精力。这样，即使你决定在某个合适的时候停止工作，工作进度也在你的掌握之中，不会受到影响。

（2）合理分派任务

在写出了任务清单后，认真考虑一下，哪些任务是可以分派给团队中别的成员的。这样尽早安排就会使团队成员能够尽早开展工作，加快完成任务的速度。

（3）控制不必要的干扰

不要让料想不到的电子邮件、电话和会议打乱你的工作计划。为控制干扰，你可以每隔几个小时查看一次电子邮件；将电话转为语音邮件，只回复那些确有急事的电话；要求将会议安排在你方便的时候召开。

（4）采取速战速决的政策

加班加点工作到很晚可能会引发恶性循环。在一个星期内强迫自己早点开始工作，早一点离开。开始这样做很困难，但你会很快发现，早点开始工作能够使你每天有做计划的时间，从而提高了你的工作效率。

（5）把私事放在工作之外的时间去做

一些人放任自己，在工作时间为私人事务分心。在工作时完全不考虑私人事务是不现实的，因此要对某些私人事情进行统筹安排。这些小事情会影响你的工作，如果你将很多时间用于与工作无关的事情，那么，你一定会因为私事影响工作。

（6）下班之前不要让电话打扰你

在一天的正常工作结束后，将打进来的电话转到你的语音邮件系统中。这样做既可以保证你在正常工作时能够专心致志地处理紧急事务，又能够使你不用工作到很晚。

（7）依靠和信赖电子邮件

许多日常的交流通过电子邮件就可以完成，不一定非得打电话，因为使用电子邮件可以使你避免打电话聊天。当然，也有一些公司必须直接与人交谈才能有效运作。但是，绝大多数员工能够利用电子邮件处理更多的沟通交流事务。

（8）检查你的技术设备

“磨刀不误砍柴工”，对电脑和办公设备进行升级可以使你更为有效地工作，使你可以按时回家。例如，一台性能强大的电脑可以使你更快地进行网页搜索或是同时运行多个应用程序。

（9）利用自动化手段

充分利用办公自动化设备和应用程序来完成工作任务，这样会减少手工操作，使你获得更多的时间。

（10）今日事，今日毕

许多人由于白天完成不了任务，养成了熬夜的习惯。熬夜会使你工作效率降低，直至危害你的健康。因此，要想方设法提高工作效率，做到今日事，今日毕。

潜能提示：保持桌面的条理性

我们经常会看到有些人的办公桌上，堆满了乱七八糟的东西。在这样的工作环境和秩序下工作，你的工作效率有可能高效吗？

所以，如果你的办公桌上经常物品、文件堆积如山，你就要花时间来整理一下了。把你办公桌上所有与正在做的工作无关的东西清理出来，把立即需要办理的找出来，放在办公桌中央，其他的按照分类分别放入档案袋或者抽屉里。这样做的目的是提醒你，你现在所做的工作应该是此刻最重要的，你一次只能做一项工作，你要把所有精力集中在这件事上，不能让其他工作影响你。另外，不要在一件工作没有做完的时候去做另一件工作。因为如果一项工作还未结束，又开始另一项工作的话，你的办公桌就可能开始混乱。你一定要力求把你手

艾维·利说可以在10分钟内给舒瓦普一样东西，这东西能使他的公司业绩提高至少50%。然后他递给舒瓦普一张白纸说："在这张纸上写下你明天要做的最重要的六件事。"过了一会儿又说："现在用数字标明每件事情对于你和你的公司的重要性。"这花了大约5分钟。艾维·利接着说："现在把这张纸放进口袋，明天早上第一件事情就是把这张纸条拿出来，做第一项。不要看其他的，只看第一项。着手办第一件事，直至完成为止。然后用同样方法对待第二件事、第三件事……直到你下班为止。如果你只做完第一件事情，那不要紧。你总是做着最重要的事情。"艾维·利又说："每一天都要这样做。你对这种方法的价值深信不疑之后，叫你公司的人也这样干。这个实验你爱做多久就做多久，然后给我寄支票来，你认为值多少钱就给我多少。"

整个会见历时不到半个钟头。几个星期之后，舒瓦普给艾维·利寄去一张2.5万美元的支票，还有一封信。信上说从钱的观点看，那是他一生中最有价值的一课。后来有人说，五年之后，这个当年不为人知的小钢铁厂一跃成为世界上最大的独立钢铁厂，这其中艾维·利提出的方法功不可没，而这个方法为舒瓦普赚得一亿美元。

当然，人们确定了事情的重要性之后，不等于事情会自动办得好。你或许要花大力气才能把这些重要的事情做好。这就是说：

第一，你要学会估价。你要用目标、需要、回报和满足感这四项内容对将要做的事情做一个评价；

第二，去除你不必要做的事情，把要做但不一定要你做的事情委托别人去做；

第三，估计所有事情的详细资料。记下你为达成目标所必须做的事，包括完成任务需要多长时间，谁可以帮助你完成任务等资料。

当你确实按照以上方法去做了，你会发现，你可以轻松地做好每一件事。你也就不会再为自己的忙碌而担忧了。

潜能提示：一次只做一件事

一次只做一件事，是很多人成功的秘诀。他们知道如何把自己的时间和精力分配到最有价值的事务上，心无旁骛地处理好手头的工作。用这个方法，比尔·盖茨7岁就通读了百科全书，他从来不去想厚厚的一摞书本到底有多少还要读，他只知道，读好每一页，看好每一篇。后来，他做图书馆管理员助理的时候，再次表现出这种品质：面对散乱多年而无人能够整理的一所图书馆，比尔·盖茨没有抱怨和退缩，他一本一本地整理四下散落的图书，把他们登记造册，放回正确书架。数万本书就这样一点一点被码放好。多年后，与他一起工作的管理员回忆说：“当时，我感觉这个孩子将来一定会成为伟大的人物。”

做事要讲求方法

“做事要想效率高，是不是不管什么事情，拿起来去做就行？”并不一定是这样。一些人做事，加班加点，废寝忘食，拖延的情况反而更严重。本来一天就能完成的事情，结果三天还没有完成！

在一定程度上，埋头苦干当然是要提倡的，但也要清楚这样做并不一定就高效。俄罗斯有句谚语——“巧干能捕雄狮，蛮干难捉蟋蟀”。要想成就高效的自己，不拖延，做事的方法是很重要的。

有兄弟三人，同在镇子里一家乡镇企业上班。开始时，兄弟三人的薪资和各方面的待遇都差不多。大约两年后，一个偶然的机会，兄弟三人坐在一起聊天，谈起现在各自一个月能挣多少钱时，老大才发现了一个让他吃惊的问题。

原来，老大现在每月的工资，还跟其他普通的工人一样，而老二已是他的三倍，老三更厉害，将近是老大的十倍。

老大听了后，越想心里越觉得不公平。按说自己跟老二、老三都是做一样的工作，每个月挣的钱怎么会相差这么多呢？

第二天一到公司，心理失衡的老大就推开了老板办公室的门，向他讨一个说法。老板听了，依旧很平静说：“要不这样吧，刚才码头打来电话，说有一批我们厂急需的货刚到，你现在帮我去了解一下价格吧！”

老大听完之后，马上就回到自己的办公桌前，拿起电话打了过去，简单地问了几句，也只有几分钟的时间，然后就去向老板汇报。老板听后问：“你跟他们要详细的报价单了吗？”

老大恍然大悟，忙又转身出去，打电话让对方传了一份详细的报价单。十几分钟后，他拿着报价单再次走进老板办公室。

老板拿过报价单看了看，又问道：“那这批货有多少？”

老大一拍脑门，忙又去打电话询问那批货的数量。就这样，几次三番，两个多小时过去了，老板想要了解的有关这批货的全部信息，老大还是没能搞清楚。

老板无奈地摇摇头，说：“你先坐在沙发上歇会儿。”然后让秘书把老二叫了来。

同样的任务，也是让老二去了解一下码头那批货的价格。老二也转身出了办公室，然后打车去了码头。过了两个小时，老二满头大汗地回来了，向经理汇报说自己在码头上找到了货主，并详细询问了价格，还带回了一份他们的报价单。另外，他不放心，还亲自去查看了一下货物的质量，算是上等的好货。

老板有些满意地点点头，然后在地上踱来踱去，犹豫了一会儿，又让秘书把老三叫来。老三接到任务，出去大约有三个小时，回来后向老板汇报说：“我去码头跟货主询问了价格，也看了货物，并且约定两天之内我们若跟他们订货的话，价格必须维持在现在的水平上，这是签的协议书。”

把协议书递给老板之后，老三继续说道：“另外我还了解到，这只船本周还会出航，所以价格应该还可以再降一点儿。在赶回来的路上，我还顺便去看了两家货店。其中一家的质量与他们的相当，只是价格略高了一点。另一家的质量略次，不过价格倒是便宜很多。综合起来看，我觉得我们还是应该买码头上的货。”

老板很爽快地点了下头，说：“那就照你的意见去办吧。”

坐在一旁沙发上的老大和老二，此时不自觉地低下了头，站起来默默地走了出去。

潜能提示：如何打造高效做事方法

1.明确自己的目标是什么。成语里有句话叫“舍本逐末”，就是说放着本应该做的事不做，净在一些细枝末节上磨洋工了。为何出现这样的情况？既是缺乏责任心的表现，也是因为没有明确目标的缘故。老板让你去询问价格，你就跑去问问价格了事。这明显就是不清楚自己的目标是什么。难道老板想知道的只是东西的价格？

2.建立良好的规划和统筹。做事要“三思而行”，怎么个“三思”法？其实就是把事情好好地规划一下，看看怎么去做才能将事情更顺利、更快捷地完成。

3.能一次做完，绝不做第二次。翻来覆去，只做一件事，不但没有效率，白白浪费了时间，还从一个侧面反映出你个人能力的不足。因此，不要在无意义的重复和劳累中虚耗，不但被别人看低了，也拖延了自己。

清楚自己的方向

有一个人想要到纽约去，特意起了个大早，匆忙赶路，希望能在天黑之前到达。

走了没过多久，路上开来了一辆汽车，司机是个年轻人。他连忙把车拦住，问：“请问从这儿到纽约还有多远的路？”

年轻人回答：“大概有两个小时的车程吧！你徒步的话，大概得走到天黑。”

这个人想了想，又问：“能让我搭个便车吗？”

年轻人很爽快地答应了。

坐在车上，这个人心里很高兴：不但可以歇歇自己酸疼的脚，还不用再走路了，而且两个小时后就能到纽约。

大概过了有两个小时，这个人看着外面的建筑，一点也不像是纽约的样子，觉得有点不对劲，边四处张望，边疑惑不解地问年轻人：“我们现在走到哪里了？还有多长时间能到纽约？”

年轻人头也没抬地回答：“我们现在快到德克萨斯州了，离纽约大约有5个小时的车程。”

这个人一下子急了，气急败坏地说：“什么？你不是去纽约？”

年轻人很平静地回答：“不是，你拦住我的时候，我的车刚从纽约出来。”

这当然只是一个笑话，可从中我们却能看出目标的重要性。其实这个笑话类似我们的“南辕北辙”，只是一个是故意犯傻，一个是不知道自己在犯傻。归根结底，这两个人办事都没有效率，都是一种拖延。

我们在有些时候，或者说更多的时候，都在做类似笑话里这个人，或“南辕北辙”里那个人的傻事。只是我们在做了之后，当结果摆在了面前，我们却如何也笑不起来！

1997年，清华大学曾对一批大一新生做了一次调查。

当问及他们的理想是什么时，学生们踊跃发言：有想当科学家的，有想当演员的，有想当天文学家的，有想当作家的。总之一句话，很少有人愿意当一个普通的工作者。

接下来，调查者又给他们发了一项关于人生目标的调查试卷，让他们做。试卷收上来之后，结果显示：27%的人，没有目标；60%的人，目标模糊；10%的人，有清晰但比较短期的目标；3%的人，有清晰而长远的目标。

10年之后，清华大学再次对这批1997年的学生进行了跟踪调查，结果是这样的：3%的人，因为他们有清晰而长远的目标，10年来都朝着一个既定的方向不懈努力，现在几乎都成为社会各界的精英，其中不乏行业领袖；10%的人，他们的短期目标不断实现，成为各个行业、各个领域中的专业人士，大都生活在社会的中上层；60%的人，他们有着安稳的生活与工作，但都没什么特别突出的成绩，而且几乎也都生活在社会的中下层；剩下27%的人，他们的生活没有目标，过得很不如意，而且还大都有做事拖延的习惯，常常在抱怨他人、抱怨社会、抱怨这个“不肯给他们机会”的世界。

本来都是同一年读的大学，同一年进入社会，为什么会有这么大的差别？原因仅仅就在于：10年前，他们中的一些人知道自己的人生目标是什么，而且很明确；另一些人却不是很清楚，或者根本就没有什么人生目标——尽管他们同样有一颗不甘平庸的心！

潜能提示：怎样的目标才更有效率

1.目标要有确定的方向。一个人不是想去哪里就能到达的，如果连方向都搞不清楚，谈何实现目标？比如，一个人在青少年时期确立了要做一名科学家，这样的目标就很模糊。科学的门类很多，究竟要做哪一个学科的科学家？自己都不清楚，就难以把握。

2.目标应该是实际的。做人做事都要从实际情况出发，目标不切实际，实现的可能性就不大。若不能实现，那就是拖延自己的人生，虚度年华。

3.目标应该是专一的。一个人同时有两个或两个以上的目标，基本上跟没有目标一样。因为你更多的时候是在这些目标之间犹豫，拖延，举棋不定。

4. 目标应该是特定的。目标太过于广泛，也就等于拖延。这就如同建造大楼，图纸设计不能只是个大概样子，必须在面积、结构、款式等方面都是特定和具体的。这样盖起来才有效率，不拖延。

先把最难的干掉

小A是一家公司的财务，但却有很严重的拖延心理，为此没少挨老总的训斥。她也很想改掉自己的这个毛病，却不知道是什么导致了自己行为上的拖延。她有时也觉得自己挺委屈，一天到晚也像别人一样在忙，怎么就没什么大的效果呢？于是，她就去找一位很权威的心理医生。

开始时，心理医生和她一起探讨了她对工作的态度。可惜遗憾的是，她对那些权威的认识以及工作、家庭的情况，均不得要领。直到有一天，他们谈到了这样一个话题：

“你喜欢吃蛋糕吗？”心理医生问。

“喜欢。”小A回答说。

“那你每次是更喜欢吃蛋糕，”心理医生接着问，“还是蛋糕上的奶油？”

小A显得有些兴奋，说：“奶油。”

“那你通常是怎么吃蛋糕的呢？”心理医生这个问题貌似很愚蠢。

小A想都没有想，回答道：“那还用说，我通常先吃奶油，后吃蛋糕。”

就这样，心理医生一下子找到了要领，然后就与小A从吃蛋糕的习惯出发，开始重新讨论小A对待工作的态度。正如心理医生所料，在工作中小A也像她吃蛋糕一样，总是在第一时间里把最容易的事情完成，然后在剩下的时间里，她做的其实只是把那些棘手的事情规避掉。

对此，心理医生建议她在此后的工作中，第一时间里把那些最棘手的事情完成，之后再去处理那些比较容易的，以此类推。这样一来，除了刚开始的工作会让她感到头疼，在之后的时间里，工作就会变得越来越轻松，拖延也就不会发生了。

其实这是一个很简单的计算公式：一小段时间的痛苦，加上其他时间的幸福，显然要比一小段时间的幸福加上剩余时间的痛苦划算得多。由此可见，对于众多拖延者而言，问题其实只有一个：是先把最难办的事情干掉，然后让自己很有效率、很轻松地去解决其他事情；还是先把最容易的事情完成，然后让自己在长时间的拖延中焦虑不安？

潜能提示：认准你的目标

费罗伦丝·查德威克是第一个游过英吉利海峡的女人。她曾经对第一次渡海的失败做出这样的解释：“我深深地记得，那是1952年7月4日清晨，当天加利福尼亚海岸笼罩在一片浓雾之中。那一年，我才34岁。那天，我如果游过去，那么我将是第一个游过这个海峡的妇女，可惜的是那一次我失败了。

“那天早晨，海水冻得我身体发麻，雾很大，我几乎看不见护送我的船。时间一小时一小时地过去，我一直不停地游。15个小时后，我又累又冷。我知道自己不能再游了，就叫人拉我上船。我的母亲和教练在另一条船上，他们都告诉我离海岸很近了，叫我不要放弃。但我朝加州海岸望去，除了茫茫大雾，什么也看不到。又过了几十分钟，我叫道：‘我实在游不动了。’当他们把我拉上船来，几个小时后，我渐渐暖和多了，这时却开始感到失败的打击，我不假思索地说：‘说实在的，我不是为自己找借口，如果当时我看见陆地，也许我能坚持下来。’

“其实，那个时候，我离加州海岸只有半英里！但令我半途而废的不是疲劳，也不是寒冷，而是因为我在浓雾中看不到目标。就是因为我没有看到我的目标，所以我失败了，这也是我一生中唯一一次没有坚持到底。

“不过，在两个月后，我成功地游过了同一个海峡，同时我还是第一个游过卡塔林纳海峡的女性，而且比男子的纪录还快两个小时。”

查德威克虽然是一个游泳好手，但她也需要有清楚的目标，才能激发持久的动力，才能坚持到底。

目标合理，才更有效

在1984年的东京国际马拉松邀请赛上，一位资历一般的日本选手——山田本一出人意外地夺得了世界冠军。

当诧异的记者问他凭什么取胜时，他只说了一句话——“凭智慧战胜对手”。可这么一句话对当时许多人而言，简直就如同笑话，体育比赛还需要智慧？于是，大家更愿意相信山田本一夺冠纯属偶然，他这只是在故弄玄虚。

到了1986年的意大利国际马拉松邀请赛上，山田本一再一次夺得世界冠军。记者又请他谈经验，山田本一还是那句话：用智慧战胜对手。

很多人对这个解释还是迷惑不解。后来，山田本一在他的一本自传中解开了这个谜：“每次比赛前，我都要乘车把比赛的线路仔细看一遍，画下沿途比较醒目的标志，如第一个标志是银行、第二个标志是红房子……这样一直画到赛程终点。比赛开始后，我以百米的速度奋力向第一个目标冲去；等到达第一个目标后，我又以同样的速度向第二个目标冲去。40多公里的赛程，被我分成这么八个小目标轻松完成了。而在以前，我把目标定在40公里外的终点线上，结果我跑到十几公里就疲惫不堪了，我被前面那段遥远的路程给吓倒了。”

很多人之所以耽搁在拖延里，虚度光阴，不是因为他们没有自己的人生目标。你问一个人他有没有目标，他十有八九会告诉你：怎么会没有，当一个亿万富豪、或成为一个科学家、或登上世界最高峰……可你若问他打算怎么去实现自己的目标，他就支吾其言了。

每个人都有自己的目标，怎么会没有目标呢！只是他们觉得自己的目标太遥不可及了，不知道怎么才能实现。也就是说，他们没有对自己的目标进行合理安排。

可以说，很多人就失败在这里。要么胡子眉毛一把抓，要么不知是该先抓胡子，还是该先抓眉毛！这也就是为什么我们常说“合理有效”。只有把事情进行合理安排，才能更有效率地完成；反之，就只有无止尽的拖延，白做无用功了。

1991年，住在斯德哥尔摩的高兰·克鲁普产生了一个想法：靠自己的力量越过大陆到达尼泊尔；然后，在完全没有帮助的情况下，不带氧气瓶征服珠穆朗玛峰；最后用同样的方法返回家乡。

显然他的野心够大的，但这是有可能实现的。他首先对整段路做了切实的研究，然后着手筹集旅行所需的20万英镑的赞助。为锻炼心血管能力，他开始和瑞典越野滑雪队一起进行体能训练。

1995年10月16日，他骑着一辆自制自行车出发了。因为这是一次完全没有后援的探险，他不得不随身带上全部装备，总重量高达129公斤。

4个月零6天后他到达了加德满都，在那儿开始把装备运往基地的帐篷。他一次运73公斤，只能向前运55米，而且运一次要休息10分钟。

他第一次开始怀疑自己完成计划的能力。他说，那次搬运是他一生中一次最可怕的体力考验。

第三次登顶成功了。下山后，他又骑上自行车，跋涉了12000公里回到了瑞典。

这时距他离家已经过了1年零6天。后来，当人们问起他成功的原因时，他是这么说的：“每次运行前，我都要把自己前进的线路仔细看一遍，并画下沿途比较醒目的标志，然后以此为运行目标，这样就可以画到跋涉的终点。在攀登山顶时，我用最快的速度奋力向山顶冲去，就这样，我征服了珠穆朗玛峰。”这说明，我们每个人都有成功的潜力，也有成功的机会。只要我们有目标，我们就能以辉煌的成就度过人生。想想那些英雄，想想那些勇往直前的英灵吧。他们手中没有地图，就去寻找那些未知的土地，他们知道自己将发现一个新世界，在旅途中我们也得具备同样的信心和激情来激励自己。

潜能提示：讲求合理

事情做到什么样的程度才更有效？之前我们觉得应该是完美，要把事情做到无可挑剔，后来我们才发现应该是合理才对。实际上我们也没必要非把事情做得那么好。什么叫合理？就是各方面大家都满意，都通得过。而且事情只要做到合理的程度，也才会有效。所以我们常常把“合理”和“有效”放在一起——叫“合理有效”。

没有电脑以前，文字是用纸来记录的。写一封信要花很长时间，然后再去邮寄，等对方看到，最快也要四五天以后了。据说，汤显祖写了《牡丹亭》之后，南方有一个女子看了戏很想认识作者本人，就写了一封信托人带给他。他接到信之后，已经是3个月之后。等他如约去见那名女子，该女子已经在一个多月前因相思成病，死了！

现在科技发达了，一封电子邮件发过去，几分钟之后对方就能看到了。交通也很方便，江南江北，朝发夕至。不过科技带来方便快捷的同时，也带来了井喷般的信息，每个人都很忙，每日要处理的事情也从未有过这么多。怎样才能把这些事情和问题很有效率地处理掉，关键就在于你是否能将其进行合理安排。

不要分心

不知你是否有过，或正在为这样的情况而懊恼不已——领导刚交代给自己一项工作，正准备要着手进行，此时又接到另外一项任务，此前打算做的工作就这样被拖延了。之后再想着手进行，此前的思路却已完全被搅乱了，毫无头绪。

桌子上正放着一份明天就要上交的文件，很繁琐，你长出一口气，心想还是泡一杯咖啡再开始吧！可就在你端着咖啡喝了几口之后，看到了电脑屏幕上跳跃出来的最新新闻。于是你点击鼠标，开始浏览起了新闻。

很多时候，拖延就是这样开始的。我们总是不经意就会分心，总是很轻易就分散了注意力，尽管我们每每会为此而焦虑、纠结，甚至痛恨自己。

很久之前，在一片辽阔的土地上有一个君王，他一直想找一个称职的宰相来帮助自己治理国家。可怎样才能知道手下的哪个大臣是称职的呢？一天，他终于想出了一个办法。

第二天朝议的时候，国王宣布要对众大臣进行一个测试，从中选出一个人来当宰相。一时间，大臣们都在下面窃窃私语。接着，国王当众说出了测试的题目——被测试的大臣，端着满满的一盆油，然后步行从宫殿出发，穿过王城，一直到城外的一口古井边上。途中不能做任何的停留，也不许把盆中的油洒出来，否则人头落地。

此言一出，刚才还跃跃欲试的大臣们都把头缩了回去，没有一个人肯以身亲试。国王有些失望，就把一位自己心里一直比较欣赏的大臣叫到面前，命令他端起满满一盆油去做这个测试。

这位大臣听后，吓坏了，起初以为国王是在跟他开玩笑，可一看国王那副威严的面孔，知道这是真的。是不是自己在什么地方得罪了国王，让他不满意，现在要挟私报复，拿自己开刀?

总之，不管他心里有多不情愿，王命难违，国王金口一开，他也只好硬着头皮，小心翼翼地端起那盆油，然后在侍卫的监视下，一步步向王宫外走去。其他的大臣有为他担心的，也有幸灾乐祸的。但不管是谁，都认为他这次是死定了。同时也暗自庆幸，幸好端着那盆油的不是自己!

那个端着一盆油的大臣，穿过宽敞巍峨的宫殿，来到了川流不息的街道上；又经过了一片民房、一个拥挤的集市、狭窄弯曲的街道和崎岖不平的小径。任何人都没有想到会是这样一个结果——两个时辰后，那位大臣居然把那满满一盆油，一滴没洒、一刻没停，一直端到了城外的古井边。

原来，当那位大臣深知自己无论如何也躲不过这一劫后，从端起那盆油开始，他就放开了一切的想法，只想着做好一件事情——每一步都要走平稳，不洒下一滴油。他是如此地专注于做这一件事，以至于忘记了身旁的一切。

在他走过那片民房时，有房屋失火了，人们喊叫着，争先恐后地端水去救火，他没注意；路过集市时，有一头大象受了惊吓，四处疯跑，踩死了很多人，大家都夺路而逃，他也未受影响；家里的一个仆人跑过来报信，说他年迈的老母病重，叫他赶紧回家，他根本就没有听到。

在这两个时辰里，他的心里只有一个目标，迈出的每一步也只为实现这一个目标。就这样，他完成了一个奇迹。

这位大臣顺利完成了国王的考验，也顺理成章地成了当朝宰相。他果然是一位称职的宰相，国王在他的辅佐下，把国家治理得井然有序、路不拾遗，国家也一天天强大起来。

不得不承认，很多时候事情之所以不能得以完成，并不是因为事情本身有多难，而是因为我们被其他无关的事分了心，结果把应该做的事给拖延了。相反，如果我们能像故事中的那位大臣一样，一门心思只想着一个目标，只做一件事，即便事情看似难以完成，也会变难为易。

请记住，我们只有一颗心，只容得下一件事。若容得太多，纠缠在一起就成一锅粥了。那时，别说完成任何一件事了，连着手去做的头绪你都找不到，只能是无限期的拖延。

潜能提示：专心做事的三个步骤

1.静下心来——烦恼和焦虑伴随着拖延。很多时候，人之所以拖延，是因为当面对众多事物时，静不下心来，以致头昏脑涨，不知从何入手。于是就烦恼、焦虑，可是越烦恼越焦虑，反而越是拖延。

2.分清楚哪件事情对自己是最重要的。顾此失彼也是一种拖延，因为人一分心，做事的效率就降下来了。俗话说“拆东墙，补西墙”。结果西墙没补上，东墙也塌了。做事最忌讳的就是蛇鼠两端。

3.立刻着手去做。很多人觉得事情棘手，可以先放一放，等自己找到最佳的状态之后再去做，效果会更好。这其实是在纵容拖延——没有什么时候会是你的最佳状态。也可以说，只要你愿意，任何时候都是你的最佳状态。

没有时间让你拖延

有一位作家，曾举过一个例子来说明时间的意义。

上帝在每天一大早都会去拜访刚起床的人，然后很公平地交给每个人5000元运用;到了晚上临睡时，他又会出现，要每人把剩余的钱还给他，只见有的人原封不动地交回了5000元;有的人剩下300元交回;还有的人两手一摊，说:“花光了，还不够用呢!”

这个故事蕴含的真正意义，是在于每个人每天使用时间的差以及由此引发的深思。有的人根本什么事也没做，所以一毛钱未花;有的人用一些，有的人则充分利用，还嫌上帝给的不够多。现实中有的人明白了时间的意义，在他们看来，珍惜时间就是珍惜机遇。所以，他们也会因为自己抓住了时间也抓住了机遇。

我的姐姐就是这样的一个人，她十分清楚幸运不会无缘无故地眷顾谁，只有立即采取行动才能得到发展的机会。大学还没有毕业时，懂事的她就靠朋友的帮忙在一家公司里做促销，她尽量四处找寻着能够独立生活的办法，不愿给家里增加任何负担。毕业后，她利用结婚时省下的20000元，添置了几件简单的设备，办起了一个小广告公司。由于她善于经营，并总能抓住一切机会标新立异地宣传自己的品牌，成效出来了，订单源源不断，慢慢地她的业务不断壮大。她当年的新鑫广告公司，现在已发展成一个实力强大的集团，年销售额高达5000万元，拥有上千名员工，每周处理的订单超过3000份。姐姐的成功正是因为她没有守株待兔，而是以有目的的实际行动去成就所有的一切。

现代人总好像是很忙碌，但是忙来忙去也不知忙些什么。反过来看，有些人随时都是一副从容不迫的模样，难道他不忙吗？一位成功学大师说过：“我能成为人人尊敬的演讲大师、我能在年轻的时候成为富翁；我周游世界、我享受你享受不到的生活，因为我从一开始就从不拖延做每件事！我相信我做的是正确的，思考之后我迅速行动，我知道我的时间有限。”这位大师之所以这样说，是因为他知道面对自己，知道自己的时间是有限的，因为有了紧迫感，所以知道珍惜时间。

你是怎么做的？在考虑先迈左脚还是右脚么？我想你的生活应该是这样的——每天都是重复的生活，昨天、今天没有任何变化。

回忆一下你的生活：

星期一早晨，你又为起床感到费劲，你觉得这对你来说太困难了；老板布置的工作，你觉得可能做不完，或是今天太疲劳了，不如明天早上来了再做，那时可能精神更好；每当接受新的工作时，你总是感到身体疲惫；你想做点体力活，如打扫房间、清理门窗、修剪草坪等等，可是你却迟迟没有行动，你总有各种各样的原因不去做，诸如工作繁忙、身体很累、要看电视等等；你曾经由于迟迟不敢表白，而让心爱的女子成了别人的妻子，自己总是暗暗伤怀；你希望一辈子住在一个地方，你不愿意搬走，新的环境会让你头疼；你总是制订健身计划，可你从不付诸行动，“我该跑步了……从下周一开始”；你答应要带孩子去公园玩儿，可是一个月过去了，由于各种原因，你还是没有履行诺言，你的孩子对你已经失望至极；你很羡慕朋友们去海边旅行，你自己也有能力去，但总是因为这样那样的借口而一拖再拖。

对于这些喜欢拖延的人来说，常把“或许”、“希望”、“但愿”作为心理支撑的系统。而你所谓的“希望”、“但愿”的借口俯拾即是。在你找这些借口的同时，你也就丢失了许多可以成功的机会。

潜能提示：张海迪的成功

优秀共青团员张海迪，在不长的时间里就掌握了日语、英语、世界语等几门外语，完成了《海边诊所》的翻译。一个身体的三分之二都失去知觉的高位截瘫患者，一个残疾者的生命为何能释放出如此巨大的能量？焕发出如此夺目的异彩？原因之一就是由于她抓住了分分秒秒的宝贵时光，积极抓住了任何可以让自己成长的机会。

任何好的机会都不会在那些不愿意接待它们的人身边停留。假如你想让自己活得更有价值、更充实，就一定要让自己学会接待时间这位客人。

做时间的主人

一个真正懂得时间管理的人，应能依事情的轻重缓急来定时间的先后顺序。这样，当重要事件发生时，才能不慌不忙地一一处理。这样的人才叫懂得时间管理观念的人，才是时间的主人。

事实上，管理时间的方法有很多，在此提供几个较实用的方法：

1. 善用剩余时间。什么叫作剩余时间?就是所谓的“角落时间”，5分钟、10分钟，别小看它，积累起来也占了大半天呢!

譬如前几天去麦当劳用餐，用完餐后顺便上洗手间，发现麦当劳的女厕所好像因间数少，而一直那么挤，那天也不例外。这时突然看到一个也在排队的女孩儿，她正乘机和排在她前面的一个女孩做推销，不知道她的推销有没有成功，但是利用剩余时间来创造一些价值，绝对是聪明的做法。

又如，经常可以看见许多学生都会在等公共汽车或坐地铁时背英文单词。相比之下，他们可能比那些交钱去补习班学一年英文的学生还要有效率得多，因为这些“剩余时间”其实就是让你比别人更进步的有效途径。也许有人会问:“我怎么知道一天的剩余时间有多少?”

这就牵涉到做记录的问题了。如果你决定做时间的记录，很简单，从每天一大早起床开始，每15分钟便做一次记录，到了晚上临睡前，再把这张纸摊开来看。哇!好多空白，原来你花在发呆、做白日梦、不知所措上的时间那么多，甚至整个晚上只记了3个字——看电视。这么清楚明白地做了记录后，剩余时间有多少不就一目了然了？

2. 减少时间的浪费。如果要去玩儿，是走这条路好，还是走那条路好？说不定还有更快的!做任何事时都先计划一下，无论是出去郊游还是逛商场购物，在一楼弄清楚要上几楼，否则乱走乱逛的，就会浪费很多时间。

另外，做计划一定要有工具。最好随时携带笔记本，家里有日记本，办公室还有周记本、月记本，甚至年度计划本。有人可能又要说了:“人生已经这么乏味了，如果做什么事都要计划，岂不更无聊!”

可是，能规划的永远只是人生可以掌握的，可以想得到的一些事，人生还有太多始料未及的意外是完全无法掌控的。

3. 创造时间的使用价值。时间的使用价值，大多来自个人的价值判断与认知，重要的是要知道在轻重缓急间如何取舍。譬如家人和朋友孰重?私事和公事哪样得先处理?有了比较清楚明确的价值判定后，就不会有太多紧张、担心、犹豫不决，能放心大胆地去做该做的事。

而在决定时间的排序时，什么事紧急又重要，什么事重要却不紧急；什么事紧急却不重要，什么事不紧急又不重要。概念理清，是应具备的基本能力，这样便不易慌乱。当然，最重要的是要知道生活的目标，因为时间管理和自己的目标设定息息相关，必须知道自己有什么梦想、希望要实现?什么时候要完成?而在努力完成的过程中，时间的价值便创造出来了。

4. 学习自我承诺。中国人较无时间观念，就以喜宴来说，常常红贴上明明印着6:30入席，但是7点钟到还不算迟，直到7:30才开始正式入席。德国人则是最讲究时间观念的，他们和好友约在中午见面聊天，结果对方只迟了3分钟到达，另一个朋友就会板着脸说:“对不起，我再不要和你做朋友了。”

以上这些方法可以让我们在对待时间的问题上有所改进，帮助大家成为时间的主人，早日实现自己的理想。

潜能提示：给自己找点事做

我们常在招待过程中发现，每次约定了时间，总会有人迟到，匆忙跑进来，然后道歉不已。这样没有时间观念的人，给人第一印象就不是那么好，属于没有修养的表现。因此，要与人约会一定要比预定的时间更早一些出门，要把路上可能发生的事(如塞车、停车问题……)所浪费的时间都包含在内。

在采访一位商业人士时，他说过这样一段话:“在车上时每遇红灯，我就会把当日报纸拿出来看看大标题、看重点，以便知道世界上发生了什么事；同时，我的耳朵也没闲着，平时我习惯一上车就开始放社会大学的录音带(自我充电);但是，精神较紧张时，则会选听一些开发潜意识的音乐CD。眼睛在顺便看街景时，偶然有什么感触、想法或创意时，一遇上红灯便会抽出名片或小记事本来写下心得。比起许多人塞车、等红灯时的心浮气躁、破口大骂，我的做法是不是比较具有创造性及建设性呢?”

先做重要的

事分轻重缓急，因此不要把全部的时间都去做那些看起来“紧急”的事情，一定要留一些时间做那些真正“重要”的事情。

最近有朋友问我，为什么你可以每天工作那么久，在没有周六和周日的情况下，依然保持良好的工作状态和身体状态？这是个好问题，很多人辛苦工作，可总是觉得自己没有成就感或者疲于奔命。如何长时间工作并且保持效率？我愿意将自己的心得与大家分享。

那就是首先不要成为“紧急”的奴隶，要关注“关键”的问题。管理自己时间的问题，尤其要分清何为“紧急的事”、何为“重要的事”。

有那么多的“紧急事”和“重要事”，想把每件都做到最好是不实际的。建议你把“必须做的”和“尽量做的”分开，必须做的要做到最好，尽量做的尽力而为就可。建议你用良好的态度和胸怀接受那些你不能改变的事情，多关注那些你能够改变的事情。以终为始，做一个长期的蓝图规划，一步一步地向你的目标迈进。这样，你就能一步步地看到进展，就会更有动力，自信地继续做下去。

其实，学习和工作的状态是一样的道理。别人曾经问我，如何在长时间内保持高效的学习状态。我的建议是：第一，要精神好，全神贯注，心无杂念；第二，要给自己时间放松；第三，要给自己一些压力——不要让自己一直处于松弛的环境中；第四，不要太长的时间做

潜能提示：时间原则

在时间管理中，必须学会运用80％：20％原则，要让20％的投入产生80％的效益。要把握一天中20％的重要时间（有些人是早晨，也有些人是下午或夜里），专门用于你对关键问题的思考和准备。有的人以为，安排时间就是做一个时间表，那是错误的。人的惯性是先做最紧急的事，但是这么做有可能使重要的事被荒废。每天管理时间的一种方法是，早上计划好今天要做的紧急事和重要事，睡前回顾这一天有没有做到两者的平衡。

时间无价

世界上最值钱的珍宝也许价值连城，但对于我们而言，最值钱也最有可能抓到手的不是珍宝，而是时间。再珍贵的珍宝都不可能与时间的价值相提并论。那些成功的人也许没有珍宝收藏，但他们却懂得收藏比珍宝更有价值的时间。他们不会浪费自己的时间，更不会浪费别人的时间，这是他们对待自己和他人的态度。

曾经看到一个故事说，在富兰克林报社前面的商店里，一位犹豫了将近1个小时的男人终于开口问店员了："这本书多少钱?"

"1美元。"店员回答。

"1美元?"这人又问，"你能不能少要点?"

"它的价格就是1美元。"店员说。这位顾客又看了一会儿，然后问："富兰克林先生在吗?"

"在。"店员回答，"他在印刷室忙着呢。"

"那好，我要见见他。"这个人坚持一定要见富兰克林。于是，富兰克林就被找了出来。

这个人问："富兰克林先生，这本书你能出的最低价格是多少?"

"1美元25美分。"富兰克林不假思索地回答。

"1美元25美分?你的店员刚才还说1美元1本呢!"

"这没错。"富兰克林说，"但是，我情愿倒给你1美元也不愿意离开我的工作。"这位顾客惊异了，他心想：算了，结束这场自己引历史学家吴晗曾说过："那些年想找个比较长的完整时间写东西或写文章，这个不现实的想法，害苦了自己。老是在等，总等不来，能利用的时间也就轻易地滑溜过去了。如今，不这样想了。一有时间就写，集零为整，许多零碎时间妥善地利用起来，不就是一个大整数?这笔账过去不会算，自己想想，真是蠢得可以。"平时，我们常想一篇很有价值的论文、一部想象丰富的科幻小说、说服力强的政论文的作者是从哪里搜集这么多的资料呢?其实这决非朝夕之功，而是日积月累、辛勤劳动的结晶。没有平日的艰苦努力，企图在一天早晨突然成为世界上智力超凡的人物，那只能是空想。

任何人的时间都是无价的珍宝，一旦失去就永远都不会再有。所以，我们需要抓住这个可以给我们带来财富的家伙，不要白白地让它溜走。

潜能提示：时间就是生命

对于自己的时间我们应该珍惜，对于别人的时间我们依然要珍惜。否则，我们就成了最可恶的小偷。鲁迅先生曾说过："时间就是生命。无端的空耗别人的时间，其实无异于谋财害命的。"每个人既要爱惜自己的时间和精力，也要爱护他人的时间和精力，这是人类的基本公德，也是对生命的基本尊重。对于时间和精力观念强的人来说，当别人浪费他的时间和精力时，他往往会发火，即使表面上没有露出来，尤其是那些高素质人才都不愿意把宝贵的时间浪费在无聊琐碎的事情上，对无聊、琐碎的小事都有一种本能的拒绝与厌恶。人们要善于理解和尊重别人珍惜时间、精力的美德。通常不要做长时间的拜访。长时间的拜访都会浪费一些时间和精力，很多时候，有事只需电话交流一下就可以，根本就不必拜访。一般的会谈，基本上一个小时就足够了，多于一个小时的会谈，往往是低效的。我们要摒弃“慢慢来”的观念，要以快速办事作为基本的道德。做一个干脆利落、重视效率的人。

你有高效工作的方法吗